新疆植物病害识别手册

Handbook of Plants Diseases Recognition in Xinjiang

赵震宇　郭庆元　著

U0294302

中国农业出版社

献给

中国人民解放军新疆军区

八一农学院老院长涂治学部委员

献给

新疆农业大学建校六十周年

序　言

　　为了满足基层植物保护技术员和初学者的要求，我们编写了这本《新疆植物病害识别手册》口袋书，希望它能为上述人员提供参考。

　　本书收录新疆常见、多发和特有的植物病害274种，其中粮食作物病害56种，纤维、油料作物和药用植物病害52种，蔬菜病害38种，果树病害54种，花卉病害26种，园林树木病害48种，其中新疆特有的植物病害32种。

　　本书重点解决两个问题，一个是在田间怎样识别植物病害，因此，书中选用的照片是病害的典型特征；另一个是在实验室内怎样借助解剖镜（实体显微镜）或显微镜鉴定病原菌，因此，书中介绍了植物发病时病原菌的形态特征。

　　本书选用的图片包括三部分：一是作物形态特征，选用有代表性的部位展示；二是主要发病部位的病状，病斑的形状、颜色的变化等；三是病原菌的形态特征，主要是显微镜下各种孢子的特点。

　　所有选用的照片，从摄影家的角度来看，

是不堪入目的，构图、用光极不规范。

文字部分，症状识别只写了典型症状，没有发病过程和侵染原理，因为本书是"识别手册"；病原菌诊断主要写发病期间病斑上能看到的病原菌特征。

本书所用照片主要由赵震宇和郭庆元摄制，部分黑粉菌的扫描电镜照片取自硕士研究生惠有为论文，非上述作者的照片，均注有作者姓名。

本书用的照片，有些质量较差，但近几年又没有机会去现场重拍，不得已而保留，还有些应当列入的病害，由于没有合适的照片而未列入。

我想感谢的人很多，首先是涂治教授，他给我们年轻人从"指路"、"送书"到"鼓励"，我们这一代年轻教师才能茁壮成长。另外，张学祖、黄大文、张翰文、吴治身等教授也给了我不少学术方面的指导和帮助，特表感谢。

赵震宇

2012年5月

目 录

序言

粮食作物病害

纤维、油料、药用植物病害

蔬 菜 病 害

果 树 病 害

花 卉 病 害

园林树木病害

粮食作物病害

小麦光腥黑穗病

　　症状识别：病株比健康植株稍矮，分蘖稍多，病穗直立，暗绿色至灰白色，成熟初期，颖壳外张，露出灰黑色至灰白色的病粒（病瘿），病粒用手压易碎，露出黑粉，有鱼腥味，病粒比较短而粗，外膜灰白色至灰褐色。

　　病原诊断：*Tilletia foetida* (Wallr.) Liro.，光腥黑穗病菌。冬孢子近圆形至椭圆形，茶褐色，表面无网纹。

小麦网腥黑穗病

　　症状识别：病株比健康植株稍矮，分蘖稍多，病穗直立，暗绿色至灰白色，成熟初期，颖壳外张，露出灰黑色至灰白色的病粒（病瘿），病粒用手压易碎，露出黑粉，有鱼腥味，病粒比较短而粗，外膜灰白色至灰褐色。

　　病原诊断：*Tilletia ceries* (DC.) Tul.，网腥黑穗病菌。冬孢子近球形，黑褐色，表面有网纹。

小麦矮腥黑穗病

　　症状识别：小麦矮腥黑穗病有4个特征：①植株极矮，其高度仅为健株的1/4～2/3；②分蘖较多；③小穗密而多，炸开，有的病粒开裂，溢出黑粉；④病粒坚硬，用力压碎成小块，病粒没有腹沟或腹沟不明显。

　　病原诊断：*Tilletia controversa* Kühn.，矮腥黑穗病菌。冬孢子球形至扁球形，淡褐色至黄褐色，网纹整齐，明显，胶质鞘厚，网脊高，有少数不孕冬孢子（球形，光滑）。

　　我国未发现，为进境植物检疫对象。

小麦散黑穗病

　　症状识别：病穗比健穗抽穗早，初期病穗外面包有一层灰白色薄膜，破裂后黑粉飘散，全穗变成空穗轴。

　　病原诊断：*Ustilago tritici* (Pers.) Jens.，小麦散黑穗病菌。冬孢子球形至近球形，淡黄色至褐色，半面色泽较深，表面有细刺，在扫描电镜下观察，半面有凹陷。

小麦黑胚病

　　症状识别：麦粒的胚芽部变褐色至黑褐色，在潮湿的条件下长出灰褐色至黑褐色霉层。

　　病原诊断：病原菌因地区不同有差异，常见的是*Alternaria tenuis* Nees，细链格孢和*Drechslera graminea* (Rabenh. ex Schlecht.) Shoemekerhe，禾谷德氏霉，在南疆的小麦粒上发现*Bipolaris triticola* Sivan.，小麦生两极霉。

小麦麦角病

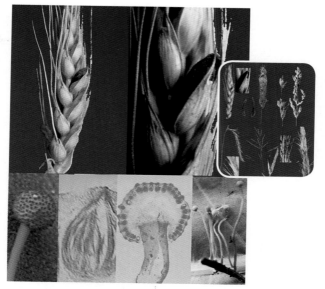

症状识别：在开花期，穗上出现黄色黏液，常招引昆虫采食，这是病原菌的分生孢子阶段，分生孢子混合在蜜液中；之后感病的子房膨大，形成紫黑色的角状菌核。

病原诊断：*Claviceps purpurea* (Fr.) Tul.，紫色麦角菌（无性型：*Sphacelia segetum* Lév.，麦角蜜孢霉）。菌核香蕉形，紫黑色至黑色，内部白色，越冬之后，萌发生数个子座，柄细长，顶部圆球形，红褐色，表面均匀分布紫黑色的小突起，这是埋生的子囊壳乳突，子囊壳埋生在子座表层中，梨形，有乳突，子囊棍棒形，内含线形的子囊孢子。

小麦霜霉病

　　症状识别：病苗矮缩，叶片淡绿，有时有条纹状花叶，分蘖多；拔节后矮化明显，节间缩短，叶片重叠，扭曲；孕穗期，病株多不能抽穗，病穗多包在叶鞘内，长成龙头形。

　　病原诊断：*Sclerophthora macrospora* (Sacc.) Thirum et al.，大孢指疫霉。在病株的维管束及其邻近的细胞间有短粗的菌丝细胞，孢子囊柠檬形，淡黄色，具乳突，孢子囊梗短，藏卵器圆形至椭圆形，淡黄褐色，壁厚，光滑。

小麦全蚀病

症状识别：自幼苗到成株都能生病，地下部分根和根颈部腐烂，病原菌仅为害根和茎秆基部的1～2节。病株容易拔出。

病原诊断：*Gaeumannomyces graminis* (Sacc.) Arx & Olivier，禾顶囊壳。病部表面生有褐色至暗褐色的粗壮菌丝，老化的菌丝多成锐角分枝，在主枝和侧枝分叉处个产生一个横隔，成"∧"形。子囊壳黑褐色至黑色，梨形，子囊棍棒形，子囊孢子线形，有多隔。

小麦秆锈病

症状识别：为害叶、叶鞘和茎秆。夏孢子堆深褐色，大，粉堆，长椭圆形至长方形。冬孢子堆黑褐色，紧密。

病原诊断：*Puccinia graminis* Pers.，禾柄锈菌。夏孢子倒卵形至椭圆形，淡黄色，壁上有小疣，有4个芽孔。冬孢子双胞，上下排列成宽椭圆形，顶部渐尖，顶端椭圆形至圆锥形，分隔处缢缩。转主寄主为小檗。

小麦叶锈病

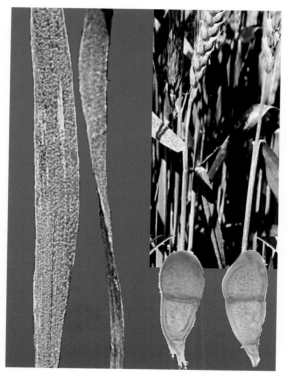

症状识别：为害叶、叶鞘、茎秆和芒，夏孢子堆椭圆形，红褐色至锈褐色，粉堆。冬孢子堆暗褐色至黑褐色，常被寄主表皮覆盖。

病原诊断：*Puccinia recondita* Rob. ex Desm.，隐匿柄锈菌。夏孢子圆形至椭圆形，表面密生小刺。冬孢子棍棒形，顶部平截或倾斜。转主寄主为乌头和唐松草。

小麦条锈病

症状识别：为害叶片。夏孢子堆初期小疱形，后期表皮破裂，露出鲜黄色至橘黄色的粉状物。后期病部出现条形排列的冬孢子堆，黑褐色至黑色，表皮不破裂。

病原诊断：*Puccinia striformis* Westend.，条形柄锈菌。夏孢子球形，淡黄色至黄褐色，表面有细刺。冬孢子双胞，梭形或棍棒形，横隔处稍缢缩，顶部略增厚。转主寄主未发现。

小麦秆黑粉病

  症状识别：为害茎秆、叶鞘和叶，生银灰色
隆起的长条状疱斑，表皮破裂，露出黑粉。病株
生长矮小，叶尖扭曲，不能抽穗，即便抽穗，也
不能结子。

  病原诊断：*Urocystis agropyri* (Preuss.) Schroet.，
冰草条黑粉菌。冬孢子长，1～4个形成一个孢子
团，外围包一层不孕细胞。

小麦斑枯病

症状识别：病斑因为病原菌种不同而有差异，新疆常见的种病斑长条形，褐色，中央灰白色，病斑上散生小黑点。

病原诊断：在小麦上已知Septoria属有6个种，新疆常见的是Septoria triticina Lab.，分生孢子器埋在表皮层下，扁圆形。分生孢子长圆柱形，稍弯，有1～6横隔。

小麦疹斑病

症状识别：为害叶和叶鞘，病斑初期为淡黄色斑点，逐渐扩大，变褐色，同时出现条状的黑点，边缘略显黄晕，后期干枯。

病原诊断：*Dilophospora alopecuri* (Fr.) Fr.，看麦娘双极毛孢。分生孢子器埋生病斑的皮层下，深褐色至黑褐色，近球形，孔口近圆形，略突起。分生孢子长椭圆形、长梭形，1～2隔，两端有1～3根刚毛。

小麦雪腐病

症状识别：病叶变暗绿色或黄褐色水浸状，易破碎，上散生茶褐色、球形至不规则形的菌核。

病原诊断：*Typhula incarnata* Lasch. et Fr.，肉孢核瑚菌。菌核近球形至不规则形，萌发后生肉质棒形的子座。子座上生担子和担子孢子。

小麦雪霉病

症状识别：叶片不破碎，黄褐色。病斑上生粉红色的霉层，在雪层厚的环境下，扒开覆盖的雪，有时可见浓厚的菌丝层。

病原诊断：*Gerlachia nivalis*（Ces. ex Sacc.）W.Gams & E.Mull.，雪霉格氏霉。有性阶段*Manographella nivalis* (Schaffn.) E. Mull.，无性型产孢体瓶形或倒梨形，分生孢子宽镰刀形，无脚胞。

小麦白粉病

症状识别：为害小麦叶、叶鞘、穗部的颖壳和芒，病斑绒絮状，灰色至灰褐色，后期病斑中央显褐色至黑色小点，埋于菌丝体中。

病原诊断：*Blumeria graminis* (DC.) Speer，禾布氏白粉菌。菌丝体生寄主表面，灰色，上面生僵直的弯形刚毛；分生孢子梗单胞圆柱形，基部球形膨大，直立在菌丝上；分生孢子椭圆形，串生；子囊壳球形，附属丝丝状，短，不分叉，内含子囊10～30多个，子囊内有子囊孢子4～8个，在小麦上子囊孢子成熟较晚。

小麦黑颖病

　　症状识别：主要为害叶片和叶鞘，形成油浸状褐色的条斑，有时有黄色颗粒状菌脓。早期发病，多不孕穗（枯心苗）。

　　病原诊断：*Xanthomonas translucens* pv. *undulosa* (Smith et al.) Dye，菌体短杆状，单极生一根鞭毛。革兰氏染色阴性。

小麦粒线虫病

症状识别：小麦线虫在小麦发芽时侵入。苗期分蘖多，叶片皱缩、扭曲、色淡而肥嫩，卷曲，成株期病株茎和节肥大、弯曲，叶鞘松弛、肥扁；病穗，颖片张开，穗短小，穗形蓬松，露出暗绿色虫瘿；虫瘿短而圆，坚硬，内部有线虫。

病原诊断：*Anguina tritici* (Steinb.) Filip.，小麦粒线虫。隶属于圆形动物门、线虫纲、垫刃目、粒线虫属。线虫一生分为3个发育阶段，卵、幼虫、成虫。卵在绿色的虫瘿中可见到，成虫雌雄异体，体内吻针、食道球及生殖系统明显，尾部尖细。

小麦蜜穗病

症状识别：抽穗期在麦穗颖片上溢出鲜黄色分泌物，以后分泌物凝结成胶状颗粒，病穗只开花，不结子粒，即使结子，多是虫瘿。

病原诊断：*Clavibacter tritici* (Carlson et Vidaver) Davis et al.，小麦棒杆菌。该菌是线虫的伴生细菌，由线虫传播。

大麦叶锈病

症状识别：夏孢子堆初期小疱形，后期表皮破裂，露出鲜黄色至橘黄色粉堆。发病后期病部出现条形排列的冬孢子堆，黑褐色至黑色，表皮不破裂。

病原诊断：*Puccinia hordei* Otth.，大麦柄锈菌。夏孢子球形，淡黄色至黄褐色，表面有细刺。冬孢子双胞，梭形或棍棒形，横膈处稍缢缩，顶部略增厚。转主寄主未发现。

大麦条纹病

症状识别：为害叶、叶鞘、穗等部，沿叶脉形成长条形斑点，草黄色至黄褐色，边缘深褐色，病斑上生灰黑色的霉层，病叶纵裂。

病原诊断：*Drechslera graminis* (Rab.) Shoem.，禾德氏霉。分生孢子梗3～5根一丛，从气孔中伸出，上部屈膝状弯曲，黄褐色至深橄榄色。分生孢子长圆筒形，多胞，3～7分隔。

大麦云纹病

症状识别：为害叶和叶鞘，病斑长椭圆形和梭形，不断向外扩展，或联合成云纹形，中部灰色，边缘褐色至深褐色，在潮湿环境下病斑上生稀疏的霉层。

病原诊断：*Rhynchosporium secalis* (Oud.) J. Davis.，黑麦喙孢。子座上无明显的梗，分生孢子双细胞，上部细胞渐粗，弯曲顶端鸟喙状，下部细胞从上向下渐变细。

大麦坚黑穗病

　　症状识别：病株较健株低矮，抽穗较迟，全穗感病。病粒虽能保持原形，但子房内已被病原菌的冬孢子代替，病穗外包有一层较厚的有柔韧性外膜。孢子粉青灰色，黏结较紧。

　　病原诊断：*Ustilago herdei* (Pers.) Layerh.，大麦坚黑粉菌。孢子粉团黏结，黑褐色至黑色。冬孢子圆形或近圆形，淡褐色至褐色，一侧颜色较浅，无纹饰。

大麦散黑穗病

　　症状识别：病株较健株略高，抽穗较早，全穗变成松散的黑粉，初期病穗外被一层薄膜，薄膜破裂散出黑粉，空留穗轴。

　　病原诊断：*Ustilago nuda* (Jens.) Rostr.，裸黑粉菌。孢子团黑褐色至灰黑色，松散。冬孢子球形至近球形，浅黄色至褐色，一侧颜色较深，具微刺。此菌只为害大麦。

燕麦散黑穗病

症状识别：病穗的子房全部感病，外颖壳上部或全部保留原来状态，薄膜易破碎，孢子粉散落后残留穗轴。

病原诊断：*Ustilago avenae* (Pers.) Rostrip.，燕麦散黑穗菌。孢子团暗褐色。孢子球形或卵形，黄褐色至橄榄褐色，一侧色浅，具微细的瘤状突起。

燕麦坚黑穗病

　　症状识别：病株较健株低矮，抽穗较迟，全穗感病。病粒虽能保持原形，但子房内已被病原菌的冬孢子代替，病穗外包有一层较厚的有柔韧性外膜。孢子粉青灰色，黏结较紧。

　　病原诊断：*Ustilago herdei* (Pers.) Layerh.，大麦坚黑粉菌。孢子粉团黏结，黑褐色至黑色。冬孢子圆形或近圆形，淡褐色至褐色，一侧颜色较浅，无纹饰。

症状识别：为害叶、叶鞘和茎，无病斑，只显橘红色粉堆形夏孢子堆。后期，在夏孢子堆四周生黑色蜡质状斑块。

病原诊断：*Puccinia coronata* Corda，禾冠柄锈菌。夏孢子椭圆形至卵圆形，黄褐色，单细胞，膜上有细刺。冬孢子双细胞，顶部有数根棒状或锥形的突起。

燕麦炭疽病

症状识别：为害叶和叶鞘。病斑不规则形，褐色至暗褐色，后期病斑上出现黑色或黑褐色稍稍隆起的斑块。

病原诊断：*Colletotrichum graminicolum* (Ces.) Wils.，禾生炭疽菌。分生孢子盘垫状，椭圆形或不规则形，有深褐色顶端尖的刚毛。分生孢子新月形，单胞，无色。

黑麦秆黑粉病

　　症状识别：为害叶、叶鞘和茎。病株矮而细，丛生，沿叶脉形成长条形病斑。病斑灰白色，后边缘铅灰色，表皮破裂后露出黑粉。

　　病原诊断：*Urocystis occulta* (Walleroth) Rabenhorst，隐条黑粉菌。冬孢子集结成团，中部为暗褐色至黑色的冬孢子，外面包围数个无色的不孕细胞。

黑麦白粉病

症状识别：为害小麦的叶、叶鞘、穗部的颖壳和芒。病斑绒絮状，灰色至灰褐色，后期病斑中部显褐色至黑色小点——子囊壳，小点埋于菌丝体中。

病原诊断：*Blumeria graminis* (DC.) Speer，禾布氏白粉菌。菌丝体生寄主的表面，灰色，上面生僵直的弯形刚毛。分生孢子梗单胞，圆柱形，基部球形膨大，直立在菌丝上。分生孢子椭圆形，串生；子囊壳球形，内含子囊10～30个；附属丝丝状，短，不分叉；子囊内有子囊孢子4～8个。

黑麦麦角病

症状识别：在开花期，穗上出现黄色黏液，常招引昆虫采食，这是分生孢子混合着蜜液；以后感病的子房膨大，形成紫黑色的角状菌核。

病原诊断：*Claviceps purpurea* (Fr.) Tul.，紫色麦角菌（无性型：*Sphacelia segetum* Lév.，麦角蜜孢霉）。菌核香蕉形，紫黑色至黑色，内部白色，越冬之后，萌发生数个子座；子座柄细长，顶部圆球形，红褐色，表面均匀分布紫黑色的小突起，这是埋生的子囊壳乳突；子囊壳埋生在子座表层中，梨形，有乳突；子囊棍棒形，内含线形的子囊孢子。

糜子丝黑穗病

症状识别：整个花序感病。菌瘿卵形或长椭圆形，初期生长叶鞘内，以后外露，外膜白色，破裂后散出黑色粉状孢子堆，可见残留的寄主丝状组织。

病原诊断：*Sporisorium denstruens* (Schlecht) Vanky，稷大孢团黑粉菌。孢子团黑色粉状，孢子团中有丝状寄主残留物，冬孢子圆形、卵圆形，红褐色，在扫描电镜下冬孢子壁上密生小疣。

谷子白发病

症状识别：从苗期至抽穗期都能够发病。叶部生病在叶正面出现淡绿色至黄白色条斑，有时连成大片，在潮湿环境下，叶背面生灰白色霉层，病斑沿叶脉开裂。病穗畸形，内外颖呈小叶状，并卷成筒状或尖状，全穗蓬松成"刺猬头"，病穗初期绿色，后变褐色。

病原诊断：*Sclerospora graminicola* (Sacc.) Schroem，禾生指梗霉。孢囊梗短粗，下窄上粗，顶部具分枝，成指、掌状，顶端有短粗小梗2～5个，孢子囊椭圆形至球形。

谷子粒黑穗病

症状识别：病株稍矮，抽穗稍晚。病穗多直立，灰褐色，籽粒全部或部分感病，颖壳内是黑粉。

病原诊断：*Ustilago crameri* Korn，谷子黑粉菌。冬孢子球形或椭圆形，红褐色至褐色，壁光滑。

稻瘟病

症状识别：从苗期到成株期都能发病，为害叶、节、穗颈和谷粒。叶部病斑外圈为黄色晕圈，内层为褐色，中央灰白色，两端有沿叶脉延伸的褐色坏死线，病斑上生灰绿色霉层；穗颈瘟在穗轴上、穗颈和枝梗上生水渍状浅褐色斑点，逐渐扩大，造成枯死或折断，形成"白穗"；谷粒瘟生稻粒和护颖上，病斑椭圆形或不规则形，边缘褐色，中央灰白色，病穗多不结实。

病原诊断：*Pyricularia oryzae* Cav. 稻梨孢（稻瘟病菌）。分生孢子梗3～5根一丛，梗上部屈膝状弯曲，2～4横隔；分生孢子梨形或倒卵形，顶端钝尖，基部钝圆，浅褐色，多2隔。

玉米瘤黑粉病

    症状识别：玉米的各个部位、各生长期都能发病。主要症状是在病部生出大小不等、形态各异的病瘤，病瘤初期白色或带紫色，后期灰白色，薄膜破后，散出黑粉。

    病原诊断：*Ustilago maydis* DC.，玉蜀黍黑粉菌。冬孢子球形或椭圆形，表面有细刺，黄褐色至黑褐色。

玉米丝黑穗病

　　症状识别：生长期病株节间短，茎秆基部稍粗，叶片簇生，暗绿色挺直。典型症状是，雌穗感病变成锥形瘤，苞叶紧裹，内藏黑粉和寄主维管束残留物，雄穗多数局部感病，形成一个个黑色瘤，膜破后散出黑粉。

　　病原诊断：*Sporisorium relianum* (Kühn) Langdon，玉米丝黑粉菌。孢子堆生雌蕊和雄蕊，雌蕊形成一个圆锥形的大黑粉包，紧裹在苞叶中，黑粉中有寄主维管束的残留物（丝状），孢子圆形或近圆形，浅褐色，壁上有密集的小刺。

玉米霉烂

症状识别：玉米成熟后，遇到阴雨连绵的天气，不能及时晾晒，往往从穗顶部厚穗轴基部开始发霉，生出粉红色、灰色、灰绿色、褐色、灰黑色等霉层，严重时种粒上也生霉层。

病原诊断：由多种真菌引起，常见的有：*Fusarium* spp.，镰孢霉；*Cephalothecium roseum* (Link. ex Fr.) Corda，玫红复端孢（粉红色霉层）；*Alternaria* spp.，链格孢；*Rhizopus stolonifer* (Ehrenb. ex Fr.) Vuill.，匍枝根霉（黑色至灰黑色霉层）；*Penicillium* spp.，青霉；*Aspergillium* spp.，曲霉（绿色至灰绿色霉层）等。

玉米锈病

症状识别：为害叶两面。病斑不规则长形，褐色至黄褐色。夏孢子堆散生或聚生，椭圆形或长椭圆形，小疱，晚期寄主皮层破裂露出肉桂色粉堆，冬孢子堆黑褐色至黑色。

病原诊断：*Puccinia sorphi* Schw.，高粱柄锈菌。夏孢子球形或宽椭圆形，壁上密生小瘤或刺。冬孢子长椭圆形，双胞，顶部稍加厚，不缢缩或稍缢缩，栗褐色，光滑。

玉米疯顶病

　　症状识别：系统侵染病害。苗期感病，分蘖增多，叶色变黄，心叶黄化，叶片扭曲；成株期病株矮化，节间缩短，顶花序变"丛顶"。

　　病原诊断：*Sclerophthora macrospora* (Sacc.) Thrum et al.，大孢指疫霉。叶背面生淡灰白色霉层，在干旱地区，很少见。卵孢子埋于病组织中。藏卵器球形、椭圆形，淡黄色。

玉米茎基腐病

　　症状识别：玉米茎基腐病是由数种病原菌单独或复合侵染造成。茎基部病斑梭形至长条形，有干腐型、水渍型两种，在哈密采集的标本为粉红型，叶片表现有青枯、黄枯，果穗包叶松弛，果穗柔软下垂，子粒干瘪。

　　病原诊断：新疆已知病原有：*Fusarium graminearum* Schawbe（禾谷镰孢霉）、*F. moniliforme*（串珠镰孢霉）和 *Erwinia* sp:（欧文氏杆菌）等。

玉米粗缩病

　　症状识别：病株矮粗，只有健株的 1/3 ～ 1/2，节间短，叶宽、短、硬、脆，叶色浓绿，中脉两侧现很小的长短不等的蜡白色突起——脉突。

　　病原诊断：Maize rongh-dwarf virus，MRDV，玉米粗缩病毒。病毒粒体球形，直径 60 ～ 70 纳米，致死温度 80℃，体外存活期 37 天，寄主有禾本科植物 57 种，由灰飞虱传播。

高粱坚黑穗病

症状识别：病原菌只为害子房，病粒长圆锥形、长椭圆形至长圆柱形，外膜有一层坚硬的灰白色膜，不易破裂，内部是冬孢子粉，成熟时顶部破裂，散出孢子粉，孢子粉散去后，可见残留的中柱。

病原诊断：*Sporisorium sorghi* Ehrenberg ex Link. [曾用名：*Sphacelotheca sorghi* (Link) Clinton]，高粱黑粉菌。孢子堆在子房中，椭圆形至圆锥形，有坚硬的灰色膜包被，膜不易破裂，孢子成熟后，膜从顶部破裂散出黑粉，堆轴短。孢子圆形、近圆形，深褐色至红褐色，壁上有稀疏的小刺。不孕细胞圆形至近圆形，无色，混于孢子间。

高粱散黑穗病

  症状识别：病株较矮，茎秆稍细，病穗子粒部分或全部变成黑粉，颖壳变长和张开，灰白色薄膜易破裂，散出黑粉，留下长而弯曲的中轴。

  病原诊断：*Sporisorium cruentum* (Kühn) Vanky [曾用名：*Sphacelotheca cruenta* (Kühn) Potter]，高粱散黑粉菌。孢子堆生子房中，卵圆形，外膜薄，易破，孢子团黑褐色，堆轴长、弯曲。孢子球形或卵圆形，浅橄榄褐色，壁上有小突起。

高粱长粒黑穗病

　　症状识别：个别小穗或个别子房感病，病粒变成长形囊状物，外膜坚硬，灰色，成熟后外包膜从顶部向下开裂露出黑粉，病粒中无中轴，仅存数根黑色丝状物。

　　病原诊断：*Sorosporium obrenbergii* Kühn [*Tolyposporium ebrenbergii* (Kühn) Patouillard]，高粱团黑粉菌。孢子团黑褐色，近球形，团中混有丝状寄主残余组织。孢子圆形至卵圆形，淡褐色，壁光滑。

高粱丝黑穗病

　　症状识别：生长期病株节间短，茎秆基部稍粗，叶片簇生，暗绿色挺直；典型症状是穗变成锥形瘤，苞叶紧裹，内藏黑粉和寄主维管束残留物。

　　病原诊断：*Sporisorium relianum* (Kühn) Langdon，玉米丝黑粉菌。孢子堆生成一个圆锥形的大黑粉包，紧裹在苞叶中，黑粉中有寄主维管束的残留物（丝状）。孢子圆形或近圆形，浅褐色，壁上有密集的小刺。

荞麦白粉病

症状识别：为害叶、叶鞘和花梗，叶两面生白粉状病斑，病斑近圆形，有时遍及全叶片。后期白粉层中出现褐色至黑褐色小点——子囊壳。

病原诊断：*Erysiphe polygoni* DC.，蓼白粉菌。分生孢子长椭圆形，串生，表面粗糙，有纵向皱褶。子囊壳扁球形，附属丝丝状，淡褐色，内含多个子囊。子囊内有子囊孢子4～6个。

甘薯干腐病

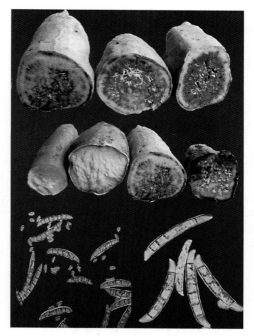

症状识别：主要发生在储藏期，地膜栽培的甘薯，成熟后未及时收获，也有发生干腐病的实例。块茎表面生褐色凹陷的病斑，切开病薯断面显褐色至暗褐色、干缩病斑，同时有白色霉斑、空洞。

病原诊断：*Fusarium solani* (Mart.) App. et Wollenw.，腐皮镰孢。种下的变种，专化型很多。镰刀形大孢子和小孢子同时存在。从病薯培养观察，为害甘薯的镰孢霉不是1个种。

甘薯软腐病

　　症状识别：病原菌从伤口侵入，块薯外部无明显变化，内部组织软化、腐败变成泥糊状，有时有酒香气味；在潮湿环境下，病薯表面生出白色至灰色霉层，顶端有球形黑点，白色至黑色——病原菌的孢子囊梗和孢子囊。

　　病原诊断：*Rhizopus stolonifer* (Ehrenb ex Fr.) Vuill.，匍枝根霉。菌丝体无隔。孢囊梗2～4根一丛，下部有假根，顶部有囊轴。孢囊梗丛之间有匍匐丝相连。孢子囊顶生，球形，黑褐色，内生大量近球形孢囊孢子。

甘薯紫纹羽病

　　症状识别：菌索和菌丝体交织在薯块的表面，有时呈毡状，紫褐色至绛紫色，菌丝的尖端多呈钩状。

　　病原诊断：*Helicobasidium purpureum* (Tul.) Pat., 紫卷担菌。菌丝体紧贴在薯块表面，和粗的菌索交织在一起，有时呈毡状，紫褐色至绛紫色。

甘薯线虫病

　　症状识别：为害薯块和蔓以及须根，剖开病蔓，内部褐色中空或糠心，病蔓外部褐色龟裂，病株蔓短，叶黄，生长缓慢，甚至枯死，薯块的症状有三：糠皮型——病斑暗紫色，少凹陷或龟裂；糠心型——薯块皮层完好，内部糠心褐色或白色相间，干腐；混合型——糠皮和糠心同时发生。

　　病原诊断：*Ditylenchus dipsaci* (Kühn) Filipjev.，绒草茎线虫，*D. destructor* Thorue，腐烂茎线虫。属迁移型内寄生线虫，虫体细长，两端略尖，表面角质膜上有细环纹，唇区低平，稍缢缩，口针粗大。

马铃薯干腐病

　　症状识别：发生在马铃薯储藏期。病薯初期表面显浅褐色块斑，凹陷，逐渐扩大，表面干燥皱缩，有时有同心轮纹，病斑上生白色或其他颜色的突起的菌丝球，病薯干腐，变空，常常生出霉状物。

　　病原诊断：*Fusarium solani* var. *coerulrum* (Mart.) App. et Wollenw.，茄镰孢霉。大孢子镰刀形或纺锤形，稍弯曲，多3隔。引起干腐病的镰孢霉不是一个种。

马铃薯晚疫病

症状识别：为害叶、叶柄、茎和薯块。下部叶发病早，病斑多从叶尖和叶缘处开始，水渍状褪绿斑，后扩大成圆形，暗绿色，病斑边缘不明显，潮湿时病斑迅速扩大，边缘有白色稀疏的霉边；茎部病斑褐色长条形，有白霉，易软腐；薯块生病，病斑褐色或紫褐色，不规则，凹陷，薯肉褐色，坏死。

病原诊断：*Phytophthora infestans*（Mont.）de Bary，致病疫霉。菌丝在寄主细胞间生长，孢囊梗2～3根一丛从气孔伸出，上部1～4次分枝，顶端膨大产生孢子囊。孢子囊无色，单胞，卵圆形，有乳突。

纤维、油料、药用
植物病害

棉花烂根病

　　症状识别： 幼苗根颈部显褐色凹陷病斑，向四周蔓延，变细，严重时倒伏。

　　病原诊断： *Rhzoctonia solani* Kühn.，立枯丝核菌；*Fusarium* spp.，镰孢霉等。立枯丝核菌是主要致病菌，菌丝粗壮，僵直，淡黄褐色，分枝处缢缩并有隔，老熟菌丝体有拟菌核。

棉花炭疽病

　　症状识别：主要发生在苗期。子叶上生近圆形褐色病斑，生子叶边缘的病斑半圆形，真叶上的病斑边缘深褐色，中央淡褐色。

　　病原诊断：*Colletotrichum gossypii* Southw.，棉炭疽菌。分生孢子盘垫状，分生孢子梗短棒状，分生孢子椭圆形至长棒形。

棉花黑色根腐病

　　症状识别：病株矮小，根颈部肿大，表皮开裂呈梭形，多个开裂成网状纹，紫褐色，木质部变红色和紫红色。

　　病原诊断：*Thielaviopsis basicola* (Berk. et Br.) Ferraris，根串珠霉。分生孢子阶段有两种类型：内生分生孢子和厚垣分生孢子，分生孢子梗菌丝上生出，梗内生长椭圆形至矩圆形分生孢子，厚垣孢子黑褐色，粗糙，串生，后断裂成单胞的厚垣孢子。

棉花黄萎病

　　症状识别：一般在现蕾期开始发病，有3种症状类型；普通型：病株从下部叶开始，叶缘和叶脉间出现不规则形淡黄色斑块，病斑逐渐扩大，颜色加深，叶缘上卷，病斑焦枯并脱落；枯死型：棉株顶部叶片出现不规则失绿斑块，很快变黄褐色或青枯，病叶和蕾不脱落；落叶型：仅在江苏局部发生，盛夏久旱后突遇暴雨或大水漫灌之后，叶片突然下垂脱落。

　　病原诊断：*Verticillium dahliae* Kleb.，大丽轮枝孢。分生孢子梗轮状分枝，主梗上生2～4层小梗，每层有小梗2～5根；分生孢子椭圆形，单胞。

棉花枯萎病

症状识别：苗期，病株子叶或真叶出现黄色网纹，或褪绿黄化，或紫红块斑，或萎蔫青枯，或矮缩；成株期，病株矮小，顶叶枯萎，叶缘卷曲等。病株根、茎、叶柄的木质部变成黑褐色或墨绿色。

病原诊断：*Fusarium oxysporum* Schl. f. sp. *vasinfectum* (Atk.) Snycer et Hansen，尖孢镰孢霉萎焉专化型。产生三种类型孢子，大孢子镰刀形或近新月形，有3隔；小孢子卵圆形、水滴形、椭圆形等，单胞、无色；厚垣孢子淡黄色，近圆形，表面光滑，单生或串生，生菌丝间或大孢子间。

棉花轮纹病

　　症状识别：为害子叶和真叶，严重时为害叶柄、枝条和棉铃。在真叶上的典型病斑近圆形至不规则形，边缘紫红色，中部褐色，有同心环纹，潮湿时生黑色霉层。叶柄上的病斑梭形，枝条上的病斑溃疡形，棉铃上的病斑不规则，紫褐色。

　　病原诊断：*Alternaria macrospora* Zimm.，大孢链格孢。分生孢子梗单生或数根一丛，无分枝，稍弯曲，有孢痕，深褐色。分生孢子单生，倒棍棒形，褐色，顶喙长。

棉花白粉病

症状识别：主要为害海岛棉，也为害陆地棉、中棉和草棉。叶部生病，病斑不规则形，褐色或灰白色，边缘有不明显的褐色晕圈，白粉层毡状，灰白色，棉花生长后期，白粉层中埋生小黑点——子囊壳。

病原诊断：*Leveillula malvacearum* Golov.，锦葵科内丝白粉菌。初生分生孢子柳叶形，表面粗糙。分生孢子梗3～5根一丛，从气孔伸出。次生分生孢子圆柱形。子囊壳埋于外生菌丝体中，附属丝短而稀疏，内有子囊多个。子囊内有子囊孢子2个。

棉花角斑病

　　症状识别：为害叶、茎和棉铃。病斑油渍状，深绿色，半透明，子叶和棉铃上病斑多近圆形，真叶上病斑多角形，颈部病斑长条形。

　　病原诊断：*Xanthomonas campestris* pv. *malvacearum* (Smith) Dye，棉黄单胞杆菌。菌体杆状，两端钝圆，具 1 ~ 3 根单极生鞭毛，有荚膜，革兰氏染色阴性。

亚麻锈病

　　症状识别：为害子叶、真叶、茎、花梗和蒴果。开花前后，在叶、茎和蒴果上生橙黄色至红黄色的圆形突起的小疱——夏孢子堆，表皮破裂后，露出锈黄色粉末——夏孢子，生长后期在茎杆上生黑色蜡质状块斑——冬孢子堆。

　　病原诊断：*Melampsora lini* (Ehrenb.) Lév.，亚麻栅锈菌。夏孢子堆在叶片上为椭圆形，茎上多梭形；夏孢子卵圆形至椭圆形，黄色至淡黄褐色，外壁上密生小刺。冬孢子堆红褐色至黑色，有光泽；冬孢子长圆柱形，褐色，单胞，侧壁相连排列成一层。

亚麻白粉病

症状识别：为害叶片，形成大小不等的白斑，绒粉状，常连成大片，病叶枯萎。

病原诊断：*Oidium lini* Bond.，亚麻粉孢。分生孢子椭圆形，串生。分生孢子梗圆柱形，生外生菌丝体上。菌丝体中常见有白粉寄生孢。

向日葵锈病

　　症状识别：为害叶、叶柄、茎和花萼。苗期叶正面现淡黄色的蜜滴（性孢子器），在叶背面聚生许多小黄点（锈孢子器）。随着植株生长，在叶片上生出许多褪绿色斑点，小疱，表皮开裂后显褐色的粉堆（夏孢子堆），生长后期并不出现黑褐色至黑色的孢子堆（冬孢子堆）。

　　病原诊断：*Puccinia helianthi* Schw.，向日葵柄锈菌。苗期叶部蜜滴中有水滴形的性孢子。锈孢子器生苗期的叶背面，杯形。锈孢子球形至多角形，膜上有刺。夏孢子椭圆形，膜厚，有刺，单胞。冬孢子双胞，椭圆形，分隔处缢缩，顶部稍加厚。

向日葵白锈病

症状识别：为害叶、叶柄、茎和花萼，叶正面聚生大小不等的淡黄色病斑，有时连成大片，在叶背面病斑对应处生隆起的小疱，白色至灰白色，茎、叶柄等部的病斑，先水肿，后期下陷，生白色小疱。

病原诊断：*Albugo tragopogi* (Persoon) Schroter，婆罗门参白锈。孢囊梗棍棒形，向下渐细，排列成一层。孢子囊球形至扁球形，串生。

向日葵黄萎病

症状识别：在开花期之后发病明显，从下部叶片开始向上蔓延，叶脉间现枯黄色至褐色，病斑边缘有淡黄色晕圈。剖开茎秆，输导组织变褐色。

病原诊断：*Verticillium dahliae* Kleb.，大丽轮枝菌；*V. sulphurellum* Sacc.，硫色轮枝菌。茎秆剖面输导组织变褐色至黑褐色，分离培养有大丽轮枝孢（形态描述参考棉花黄萎病），病株诱发常见硫色菌体。

向日葵白粉病

　　症状识别：初期叶片上生白色粉状的霉层，零星分布，后扩展到全叶片，白霉层因病原菌不同而异，一类白粉层稀疏，后期散生小黑点，另一类白粉层不断加厚成毡状，菌丝层中埋生小黑点——子囊壳。

病原诊断：病原菌有三种，分别是：

Sphaerotheca fusca (Fr.:Fr.) Blumer，黑丝单囊壳。子囊壳球形，附属丝丝状，基部褐色，上部渐浅，子囊壳内仅有 1 个子囊。

Erysiphe cichoracearum DC.，菊苣白粉菌。子囊壳球形，附属丝丝状，白色，子囊壳内有多个子囊。

Leveillula compositarum Golov.，菊科内丝白粉菌。子囊壳埋在菌丝体中，附属丝丝状，短而稀疏，子囊壳内有多个子囊，子囊内仅有子囊孢子 2 个。

向日葵菌核病

症状识别：发生在开花后期至蜡熟期，花盘感病初期在背面出现褐色水渍状块斑，在湿度较大环境下，病斑上出现白色绒毛状霉层，病斑不断扩大，花盘变褐色腐烂，在种粒之间长满菌核，有时菌核连成大片，病粒有苦味和霉味。

病原诊断：*Sclerotinia sclerotiorum* (Lib.) de Bary，核盘菌。菌丝体白色，在茎、茎基部等不发病菌核多为褐色，扁平，近圆形至不规则形，花盘上的菌核多块状。

向日葵茎黑斑病

　　症状识别：初期病斑生叶柄基部，褐色至暗褐色，椭圆形，水渍状，以后病斑逐渐扩大成椭圆形至长椭圆形，黑色，病株常自下部病斑出现断裂、倒伏。后期病斑上散生小黑点。

　　病原诊断：*Phoma macdonaldii* Boerema，马氏茎点霉。分生孢子器生病斑上，暗褐色，扁圆形，有短乳突。分生孢子单胞，肾形、圆柱形或长椭圆形，偶尔有双胞的分生孢子。

向日葵叶斑病

症状识别：为害叶、叶柄、茎和花盘。在叶上，病斑初期形成褐色小斑点，以后逐渐扩大成褐色大斑，中部灰白色，有时出现轮纹，在潮湿的环境下病斑上生深褐色霉层。

病原诊断：*Alternaria helianthi* (Hansf.) Tubaki et Nishikci，向日葵链格孢；*A. leucanthemi* Nelen，白花菊链格孢；*A. tenuis* Nees，细链格孢；*A. zinniae* (Pape) Dr. 百日草链格孢等。据文献报道，向日葵黑斑病病原菌有4种，乌鲁木齐附近采到的标本多数是向日葵链格孢 *A. helianthi*，在新源采到的标本是 *A. zinniae* 引起的。照片拍自新源县。

向日葵霜霉病

症状识别：整株感病，严重矮化，节间短，沿叶脉褪绿，叶片呈"花叶"，叶背面出现浓密的白色霉层。此外，由于感病期不同，或感病部位不同而出现仅仅为害叶片的"叶斑性"，为害花果的"花果被害型"，还有不表现症状的"潜伏型"。

病原诊断：*Plasmopara helianthi* Novotelnova，向日葵单轴霉。孢囊梗单生或丛生，4～6次分枝，分枝与主枝成直角，最末端生2～4小梗，孢子囊椭圆形或卵形。

油菜白锈病

　　症状识别：从苗期到成株，从叶片、茎、花到果实都可发病。叶片生病，初期显淡绿色小斑点，后变黄色，在病斑的叶背面生白色小疱，疱破裂，散出白色粉末——孢子囊。幼茎和花轴感病，弯曲，呈"龙头"状。花器感病，花瓣畸形，肿大，变绿色。

　　病原诊断：*Albugo candida* (Pers.) O.Kuntze，白锈菌。菌丝在病斑组织中细胞间生长，孢子囊梗棍棒形，孢子囊球形，串生。

油菜斑枯病

　　症状识别：为害叶和叶柄。病斑近圆形、矩圆形或多角形，褐色，下陷，中部散生突起的小黑点。

　　病原诊断：*Septoria brassicae* Ell. et Ev.，芸薹壳针孢。分生孢子器生叶正面的病斑中部，散生，黑色，有短乳突。分生孢子长圆柱形，稍弯曲，两端钝圆，原描述孢子无隔，新疆采的标本分生孢子1～2隔。

油菜霜霉病

　　症状识别：从苗期到成熟期都能够感病，为害叶、茎、花梗和角果。以叶部病斑为例，典型病斑多角形、黄褐色，叶背面有白色霜状霉层。花梗感病，病部肿大弯曲成"龙头拐"。

　　病原诊断：*Peronospora parasitica* (Pers.:Fr.) Fr.，寄生霜霉。孢囊梗从气孔伸出，单生或丛生，锐角而叉状分枝4～8次，最后一次分枝的末端呈锐角，稍向内弯。孢子囊球形至卵形。

油菜白粉病

    症状识别：为害叶、茎和荚。病斑白色，近圆形，逐渐扩大成不规则的大斑，后期白粉层中出现许多淡黄色至黄褐色、黑褐色的小点——子囊壳。

    病原诊断：*Erysiphe cruciferarum* (Opiz.) Junell，十字花科白粉菌。白粉层由菌丝体、分生孢子梗和分生孢子组成。菌丝体外生，分生孢子梗生菌丝体上。分生孢子梗圆柱形；分生孢子长椭圆形，表面粗糙，串生；子囊壳扁球形，附属丝丝状，弯弯曲曲，基部褐色，内含子囊多个（4～10），子囊内有子囊孢子4～6个；子囊孢子单胞，无色，椭圆形。

鹰嘴豆黑斑病

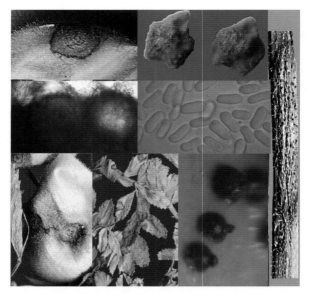

　　症状识别：为害叶、叶柄、荚和种子。叶部感病，病斑近圆形至不规则形，中部褐淡色至褐色，边缘深褐色，宽窄不匀，中部散生褐色小点。茎部感病病斑长椭圆形，深褐色，散生褐色小突起，稍显轮纹。荚感病病斑上轮纹显著。种子感病，病斑黑褐色至黑色。

　　病原诊断：*Phoma xanthina* Sacc.，苍耳茎点霉。分生孢子器散生在病斑中部，埋生至半埋生，乳头状突起外露。分生孢子圆柱形，两端圆形，单胞，少数有一横隔。根据G.H.Boerema et al. 专著定此种。

豆类菌核病

　　症状识别：为害叶、茎、荚和根颈部。病部显浸润性病斑，迅速扩展，遇湿润环境生出白色霉层，后变灰色至暗灰色，集结成菌核。寄主很广，豆科、菊科、十字花科、茄科、大麻科等作物均有发病记载。

　　病原诊断：*Sclerotinia sclerotiorum* (Lib.) de Bary，核盘菌。田间常见到的是菌核，菌核越冬后萌发生子囊盘，一个菌核萌发1～3（～8）个具长柄的子囊盘。子囊圆柱形，内有子囊孢子8个。子囊孢子椭圆形。

大豆茎黑斑病

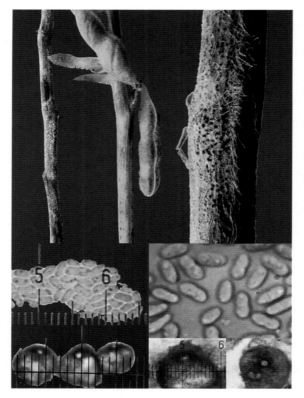

症状识别：为害茎。病斑椭圆形至长条形，褐色至黑褐色，散生小黑点。

病原诊断：*Phoma glycinicola* Gruyter & Boerema，大豆茎点霉。分生孢子器球形至扁椭圆形，有刚毛，无乳突或乳突短，橄榄色至黑橄榄色。分生孢子椭圆形至近球形，内含油滴2至数个。

大豆细菌性叶斑病

　　症状识别：从苗期到成株均能生病，初期叶正面出现黄绿色的小斑点，后变红褐色，稍隆起，进一步发展木栓化，表皮破裂似火山口，病斑四周有黄色晕圈。

　　病原诊断：*Xanthomonas campestris* pv. *glycines* (Nakano) Dye，甘蓝黑腐黄单胞杆菌大豆变种。细菌短杆状，无荚膜，无芽孢，极生单鞭毛，革兰氏染色阴性。

大豆花叶病

症状识别：因品种、温度和感病期不同，症状有差异。苗期生病低温时出现明脉，高温时出现皱缩、卷曲，以后黄萎坏死，成株期生病，出现花叶、皱缩、卷叶，有时出现褐色坏死斑，病株豆荚缩短，扁平，扭曲。

病原诊断：*Soybean mosaic virus*, SMV，大豆花叶病毒。病毒颗粒线条形，650 ～ 700nm × 15 ～ 18nm，钝化温度55 ～ 60℃，体外存活期3 ～ 4d。

蚕豆锈病

症状识别：为害叶、叶柄和茎。初期显淡黄色的小点，病斑稍隆起，表皮破裂，散出黄褐色的粉末——夏孢子，发病后期，夏孢子堆变成黑褐色——冬孢子堆。

病原诊断：*Uromyces fabae* (Pers.) de Bary，蚕豆单胞锈菌。夏孢子堆叶背生，粉堆形，黄褐色。夏孢子圆形至椭圆形，淡棕色，表面有细刺。冬孢子堆黑褐色至黑色。冬孢子单胞，椭圆形，顶端圆形或稍有乳突，表面光滑。

蚕豆白粉病

　　症状识别：为害叶、叶柄、茎和荚。初期病部淡黄色或浅绿色，以后出现白色粉状圆形病斑，病斑逐渐扩大或连成一片，后期白粉层中出现许多黄褐色至黑褐色的小点——子囊壳。

　　病原诊断：*Erysiphe pisi* DC.，豌豆白粉菌。白粉层是病原菌的外生菌丝体、分生孢子梗和分生孢子。分生孢子腰鼓形至圆柱形，串生；分生孢子梗圆柱形；子囊壳球形、扁球形；附属丝丝状，子囊壳内含子囊多个，子囊内含子囊孢子4～6个。

蚕豆赤斑病

　　症状识别：为害叶、茎、花、花荚。叶部病斑近圆形至不规则形，紫红色，进一步发展病斑中央颜色变淡，下陷，严重时病斑密布，干枯；茎部病斑长条形，红褐色，表皮开裂；荚上病斑暗褐色，近圆形，中部凹陷或突起成瘤状。

　　病原诊断：*Botrytis fabae* Sard.，蚕豆葡萄孢。分生孢子梗细长，浅褐色，主枝上部1/3处分支，分枝顶端膨大，膨大处再生小梗，小梗上簇生分生孢子；分生孢子单胞，椭圆形至近球形，表面粗糙。

豌豆白粉病

症状识别：为害叶、叶柄、茎和荚。初期病部淡黄色或浅绿色，以后出现白色粉状圆形病斑，逐渐病斑扩大或连成一片，后期白粉层中出现许多黄褐色至黑褐色的小点——子囊壳。

病原诊断：*Erysiphe pisi* DC.，豌豆白粉菌。白粉层是病原菌的外生菌丝体、分生孢子梗和分生孢子。分生孢子腰鼓形至圆柱形，串生，分生孢子梗圆柱形；子囊壳球形、扁球形，附属丝丝状，子囊壳内含子囊多个，子囊内含子囊孢子4～6个。

豌豆锈病

　　症状识别：为害叶、叶柄和茎。初期显淡黄色的小点，病斑稍隆起，表皮破裂，散出黄褐色的粉末——夏孢子。发病后期，夏孢子堆变成黑褐色——冬孢子堆。

　　病原诊断：*Uromyces viciae-fabae* (Pers.) J.Schrot.，蚕豆单胞锈菌。夏孢子堆叶背生，粉堆形，黄褐色。夏孢子圆形至椭圆形，淡棕色，表面有细刺。冬孢子堆黑褐色至黑色。冬孢子单胞，椭圆形，顶端圆形或稍有乳突，表面光滑。

豆类根腐病

　　症状识别：由于发病期不同，表现为猝倒和立枯两种类型，幼苗出土但尚未木质化之前发病，成片倒伏；木质化之后，苗木茎基部生暗褐色病斑，逐渐凹陷，绕茎一周，植株枯死。

　　病原诊断：*Rhizoctonia salani*，立枯丝核菌；*Fusarium* spp.，镰孢霉。立枯丝核菌的菌丝体初期无色，后变淡褐色，分叉处多成直角，稍缢缩，分枝处有横隔，老熟菌丝集结成菌核。镰孢霉菌落多带红色，大孢子镰刀形，有隔，小孢子椭圆形、倒卵形、水滴形等，单胞无色，此外还有厚垣孢子。

红花锈病

  症状识别：从种子萌发开始到植株开花结籽，每个发育阶段都有红花锈病发生，胚轴和子叶上生椭圆形突起的病斑，上生黄色小点——性孢子器；幼苗出土，茎基部生长条形病斑，病斑上生淡黄色至红褐色突起小疱——夏孢子堆；夏孢子传播出去，再次侵染，6月之后，叶片上只显褐色的夏孢子堆和黑褐色的冬孢子堆。

  病原诊断：*Puccinia carthami* (Hutz.) Corda.，红花柄锈菌。性孢子器和性孢子生子叶期的胚轴和子叶上（黄色小点），夏孢子堆和夏孢子生真叶和花萼上，黄褐色至茶褐色，夏孢子单胞，椭圆形，密生小刺；冬孢子堆黑褐色，冬孢子双胞，宽椭圆形至矩圆形，顶部不加厚。

红花白粉病

症状识别：红花白粉病是由两种不同属的病原菌引起的，菊苣白粉菌引起的白粉病白粉层稀疏，后期白粉层中生出散生的小黑点；内丝白粉菌引起的白粉病白粉层厚毡状，子囊壳埋生在菌丝体中。

病原诊断：*Erysiphe cichoracearum* DC.，菊苣白粉菌。菌丝体外生；分生孢子椭圆形，串生；子囊壳散生，附属丝丝状，长，子囊壳内有子囊多个，子囊内有子囊孢子2（～4）个。*Leveillula compositarum* P. N. Golovin，菊科内丝白粉菌。初生分生孢子圆柱形，顶部渐尖，次生分生孢子圆柱形，子囊壳扁球形，附属丝短，子囊内有2个子囊孢子。

红花褐斑病

　　症状识别：为害叶片，病斑圆形至椭圆形，四周有黄色晕圈，病斑中部颜色较深，湿度大时，病斑上产生白色霉层。

　　病原诊断：*Ramularia caerthami* Zapr.，红花柱格孢。分生孢子梗簇生，短粗，无分枝，顶部有孢痕；分生孢子圆柱形或长卵形，0～3横隔。

大麻斑枯病

　　症状识别：为害叶片，病斑由于受叶脉限制呈近圆形至不规则形，褐色，中部灰白色，病斑中央散生小黑点——分生孢子器。

　　病原诊断：*Septoria cannabina* Peck.，大麻壳针孢。分生孢子器半埋生至埋生，球形至扁球形，乳头状突起外露；分生孢子线形，稍弯曲，2～3横隔。

甜菜白粉病

症状识别：为害叶片，在叶两面展生白色霉层，生长后期，白粉层变稀疏，生出许多小黑点——子囊壳。

病原诊断：*Erysiphe betae* (Vanha) Weltz.，甜菜白粉菌。菌落叶两面生；分生孢子梗生菌丝体上，圆柱形，有横隔；分生孢子椭圆形；子囊壳球形，附属丝丝状，内有子囊4～8个；子囊内含子囊孢子6个。

甜菜蛇眼病

症状识别：采种甜菜发病早，为害叶片。病斑大，近圆形褐色，中央灰白色，具同心环纹和黑褐色的小点——分生孢子器。

病原诊断：*Phoma betae* Frank.，甜菜茎点霉。分生孢子器埋生或半埋生，暗褐色；分生孢子无色，单胞，近椭圆形，混于分生孢子器产的胶质物中，积水后外溢。

甜菜丛根病

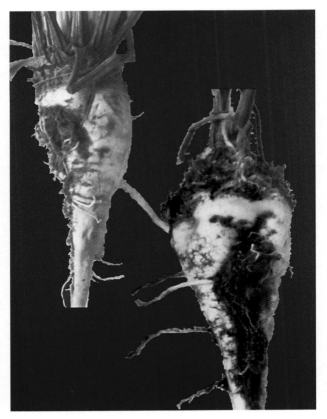

　　症状识别：地上部分症状一类是叶脉黄化坏死，一类是褪绿，另一类是黄褐色枯焦或黑色枯焦；地下部分症状是侧根变褐、变细，毛根丛生。

　　病原诊断：BNYVV，甜菜坏死黄脉病毒。由甜菜多黏菌（*Poolymyxa betae*）传播。

甜菜霜霉病

　　症状识别：从子叶、真叶以及采种株地上部位都可发病，病斑褐色干枯，在潮湿条件下，病斑上生灰紫色霉层。

　　病原诊断：*Peronospora farinosa* (Fr.) Fr.，粉被霜霉。孢囊梗无色，单枝2～3根一束，上部4～6次分枝，末枝细尖，孢子囊椭圆形。

甜菜褐斑病

症状识别：为害叶、叶柄、花梗和种球。病斑褐色至紫褐色，最后病斑中央灰褐色，潮湿时病斑中央生灰白色霉状物。

病原诊断：*Cecospora beticola* Sacc.，甜菜生尾孢。在表皮细胞下生垫状菌丝团，菌丝体上生分生孢子梗。分生孢子梗不分枝，基部暗褐色，顶部色淡。分生孢子尾孢形，6 ~ 12 个隔。

啤酒花霜霉病

症状识别：为害叶、花、果穗，造成植株矮小、簇生。病斑褐色，大，叶背生灰紫色霉层；花感病变褐色，萎蔫，干枯；幼果感病变褐色，停止发育，干枯。

病原诊断：*Pseudoperonospora humuli* (Miy. et Tak.) Wilson，啤酒花假霜霉。孢囊梗2～5根一丛，主枝上部3～6次二分叉，孢子囊卵形或椭圆形，有乳突。

啤酒花白粉病

　　症状识别：为害叶、叶柄、嫩梢和果球。叶两面生大小不等的白色粉斑，浓密，后期白粉层消失，出现聚生的小黑点——子囊壳。

　　病原诊断：*Sphaerotheca macularis* (Wallr.: Fr.) Lind.，斑点单囊壳。白粉层是菌丝体和分生孢子。分生孢子梗直立，分生孢子椭圆形，串生；子囊壳近球形，附属丝丝状，长，褐色，子囊壳内有1个子囊，子囊内含8个子囊孢子。

啤酒花花叶病

症状识别：病株萌发出的叶片全部或部分变成黄绿镶嵌花叶，有时叶脉保持绿色，叶脉间金黄色。

病原诊断：*Hop latent virus*, HpLV；*Apple mosaic virus*, ApMV。

甘草锈病

　　症状识别：为害叶和嫩枝，越冬前芽感病，第二年生出的新枝长满孢子堆，生长期叶片感病，只见零星孢子堆。

　　病原诊断：*Uromyces glycyrrhizae* (Rabenh.) Magnus，甘草单胞锈菌。性孢子器和锈孢子器出现在刚出土的幼苗上。锈孢子近圆形；夏孢子堆叶背生，暗褐色；夏孢子椭圆形，膜上有刺；冬孢子堆暗褐色至黑褐色，冬孢子单胞，椭圆形，顶部稍厚。

甘草白粉病

症状识别：叶背面生白色至灰白色斑块，逐渐扩大并相互联合成大块斑，有时遍及全叶，生长后期白粉层中生淡黄褐色至深褐色的小点——病原菌的子囊壳。

病原诊断：*Leveillula leguminosarum* Golov.，豆科内丝白粉菌。子囊壳埋生至半埋生，扁球形；附属丝丝状，短而稀疏；子囊壳内含子囊多个，子囊内含子囊孢子2～4个。

甘草叶斑病

　　症状识别：病斑近圆形，褐色。后期病斑联合成不规则形大斑，灰褐色，在潮湿的环境下，病斑上生稀疏的霉层，病斑变灰黑色。

　　病原诊断：*Pseudocercospora cavarae* (Sacc. & Sacc.) Deighton，甘草假尾孢。分生孢子梗紧密簇生，圆柱形，直立至稍弯曲，顶部产孢痕明显；分生孢子长圆柱形或倒长棍棒形，向上渐细，1～8横隔，分隔处稍缢缩。

贝母锈病

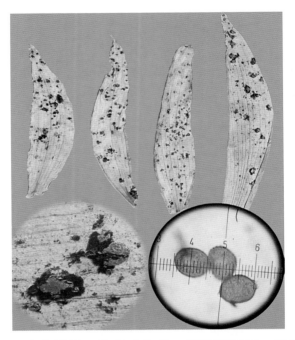

　　症状识别：为害叶和茎。病斑不明显，只显扁平突起的大小不等的疱。表皮破裂，露出粉质孢子堆。除贝母外，还为害百合。

　　病原诊断：*Uromyces lili* (Link.) J.Kuntze，百合单胞锈菌。性孢子器和性孢子、锈孢子器和锈孢子未采到。也生在百合和贝母叶上，缺夏孢子阶段，冬孢子堆生叶两面，为扁平突起，顶破表皮，露出深褐色粉状物，冬孢子椭圆形，向柄部渐尖，表面有短纵条纹。

党参白粉病

症状识别：为害叶。病斑生叶背面，白色，近圆形。菌丝体稀疏，后期白粉渐少，仅留黑色小点。

病原诊断：*Sphaerotheca codonopsis* (Golov.) Z.Y. Zhao，党参单囊壳。子囊壳扁球形，褐色至暗褐色；附属丝丝状，4～7根，生子囊壳基部；子囊壳内含子囊1个；子囊内含子囊孢子6～8个。

薄荷白粉病

症状识别：病斑生叶、叶柄和茎上。菌丝体展生，白粉层显著，后期白粉层中聚生许多小黑点——子囊壳。

病原诊断：*Erysiphe biocellata* Ehrenb.，小二胞白粉菌。白粉层是外生菌丝体，分生孢子梗和分生孢子。分生孢子长椭圆形，串生；子囊壳近球形，暗褐色；附属丝丝状，浅褐色；子囊壳内有子囊4～14个；子囊宽椭圆形，有柄；子囊内有子囊孢子2个，罕见有3个子囊孢子。

薄荷锈病

　　症状识别：病斑叶两面生，褪绿色至淡黄色，边缘淡黄色圆形。孢子堆只生在叶背面，在病斑中央生突起的小疱，表皮破裂，露出黄褐色的粉堆。后期病斑上出现黑褐色粉堆——冬孢子堆。

　　病原诊断：*Puccinia menthae* Persoon，薄荷柄锈菌。夏孢子堆叶背面生，为淡黄褐色小疱，椭圆形，表皮破裂，露出黄褐色粉堆。夏孢子近球形，黄褐色或淡肉桂色，膜上密生细刺；冬孢子堆混生在夏孢子堆附近，黑褐色，粉堆状，冬孢子双胞，宽椭圆形至矩圆形，肉桂色或栗褐色，两端圆形，光滑，柄无色，不脱落，偶有一室的冬孢子。

薄荷霜霉病

　　症状识别：病斑叶背生，多角形，受叶脉限制，淡黄色，霉层厚而密，淡蓝紫色。

　　病原诊断：*Peronospora menthae* X.Y.Cheng，薄荷霜霉。菌落叶背生，孢囊梗直立，单枝或多枝，无色或略带灰白色，基部渐细，上部呈锐角而分权，6～8次，不对称，末枝尖而细，孢子囊卵形，淡紫褐色。

新塔花锈病

症状识别：菌落叶两面生，无明显病斑，只显肉桂色粉堆——夏孢子堆，和黑褐色粉堆——冬孢子堆。

病原诊断：*Puccinia ziziphorae* P.Syd. & Syd.，新塔花柄锈菌。菌落散生或聚生。夏孢子堆近圆形，粉堆，肉桂褐色；夏孢子近球形，膜上有细刺。冬孢子堆黑褐色粉状；冬孢子椭圆形，两端钝圆，顶部层增厚，隔膜处缢缩，栗褐色，有稀疏的小瘤。

金丝桃白粉病

　　症状识别：病斑生叶两面和茎上。白粉层展生，有时布满全叶，后期白粉层中生小黑点——子囊壳。

　　病原诊断：*Erysiphe hyperici* (Wallr.) Blumer，金丝桃白粉菌。分生孢子梗生外生菌丝上，直立；分生孢子长椭圆形，串生。子囊壳聚生，近球形；附属丝丝状，基部褐色，上部无色；子囊壳内含子囊5～8个；子囊椭圆形，有短柄，内含子囊孢子3～4（～5）个。

金丝桃斑枯病

　　症状识别：病斑不规则形，边缘黄绿色至黄色，有时扩展至全叶，叶正面的病斑上散生突起的小黑点——分生孢子器。

　　病原诊断：*Septoria hyperici* Desm.，金丝桃壳针孢。分生孢子器生叶正面的病斑上，半埋生，乳头状孔口外露；分生孢子线形，不规则弯曲，有1～5横隔，一端或两端钝圆。

金丝桃锈病

　　症状识别：病斑叶背面生，不规则形，枯黄色，其上有小疱状的夏孢子堆。

　　病原诊断：*Puccinia medio-asiaticae* Uljanish，金丝桃柄锈菌。仅见到夏孢子堆和夏孢子，夏孢子近球形或椭圆形，夏孢子堆中无头状侧丝。文献记载金丝桃上有 3 种锈菌，栅锈菌属(*Melampsora*) 2 种，柄锈菌属（*Puccinia*）1 种，故定此种。

小檗丛枝锈病

症状识别：寄主仅有黑果小檗。病枝条局部肿粗，萌生许多细而短的小枝；病叶小，密集丛生。每年第一次生出的叶片正面生出许多蜜滴，诱集大批昆虫采食，之后在叶背面长满锈孢子器，散发出大量锈孢子。

病原诊断：*Puccinia arrhenatheri* (Kleb.) Erikss.，燕麦草柄锈菌。每年第一次萌发出的叶片正面散生的小红点是性孢子器，叶背面锈孢子器间有时也有性孢子器，锈孢子器分泌蜜滴，其中混有性孢子。性孢子椭圆形或水滴形，单胞；锈孢子器叶背生，排列紧密，钟形；锈孢子单胞，近圆形至正多角形。转主寄主是燕麦草。

雪莲白粉病

　　症状识别：叶片上生大小不等白色粉斑，白粉层稀疏。幼苗感病，叶片萎蔫，枯死。

　　病原诊断：*Oidiopsis* sp.，雪莲拟粉孢。外生菌丝体稀疏，初生分生孢子披针形，次生分生孢子圆柱形，分生孢子梗圆柱形有横隔，1～3根从气孔伸出。

雪莲锈病

症状识别：病斑近圆形至多角形，稍肿起，中部密生圆形小疱。

病原诊断：*Coleosporium saussureae* Thuem.，凤毛菊鞘锈菌。仅仅发现锈孢子器阶段，生巴音布鲁克草原人工培育的雪莲上。

雪莲黑斑病

　　症状识别：为害叶。病斑近圆形，逐渐扩大成不规则块斑，褐色，中部黑褐色。

　　病原诊断：*Alternaria* sp.，链格孢。分生孢子梗短，上部曲膝状弯曲，产孢孔明显；分生孢子长梭形，上部渐细，有短喙，分生孢子砖格形，3～6横隔，0～1纵隔。

新疆猪牙花锈病

　　症状识别：发病初期叶上出现褪绿斑点，后变成淡褐色，病斑上出现小黑点——性孢子器，不久在性孢子器旁出现密集、个体较大的疱——锈孢子器；再往后，叶两面出现半球形隆起的疱，角质层破裂后，露出褐色至深褐色粉末——冬孢子堆。

　　病原诊断：*Uromyces erythronli* (DC.) Lév.，猪牙花单胞锈菌。叶片上先后出现性孢子器、锈孢子器和冬孢子堆三个阶段。锈孢子器排列成蜂窝状，不规则，锈孢子近圆形至多角形；冬孢子堆小疱状，生叶两面，暗褐色，冬孢子不规则长椭圆形下部渐尖，褐色至深褐色。

蔬 菜 病 害

瓜类枯萎病

症状识别：染病植株多从开花、结瓜，特别是瓜果膨大期开始陆续出现症状；病株萎蔫，根颈部褐色腐烂，主蔓茎基部外皮常出现纵裂，维管束变褐，在潮湿或保湿条件下病部生白色及粉红色霉状物。

病原诊断：*Fusarium oxysporum* (Schl.) f. sp. *cucumerium* Owen.，尖孢镰孢霉甜瓜生理小种等。分生孢子分大小两型：大型分生孢子似镰刀形或新月形，淡色，基部有足细胞，3~5个横隔膜，多数3个分隔；小型分生孢子长椭圆形，淡色，单胞或有一横隔。

瓜类蔓枯病

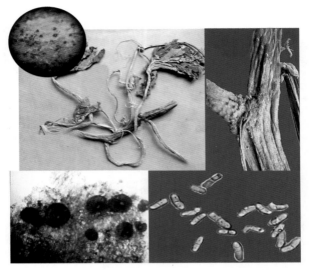

症状识别：主要为害瓜蔓，多在基部分枝处出现灰褐色至暗褐色梭形、椭圆形或不定形病斑，病部长出许多黑色小粒点，此外还可见到溢出琥珀色的胶状物；叶片病斑近圆形，暗褐色，叶缘病斑为半圆形或略呈V形，亦长有小黑粒点；瓜果上的病斑不规则形，黑褐色，凹陷，病部星状开裂，果肉软化。

病原诊断：*Ascochyta citrullina* Smith，西瓜壳二孢。分生孢子器黑褐色，初埋生后突破表皮外露，球形至扁球形；分生孢子无色，初为单胞，成熟时为双胞，长椭圆形。有性阶段：*Mycosphaerella melonis* (Pass.) Chiu et Walker，甜瓜球腔菌。

瓜类白粉病

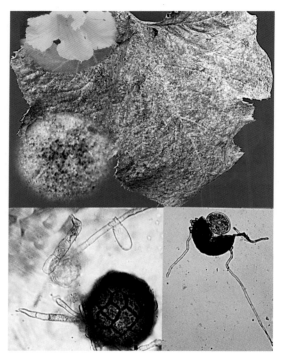

症状识别：主要侵染叶片、叶柄，蔓也常受害，果实发病较少。叶片正反两面生白色粉状霉点、霉斑及白色粉层，后其病部散生黑褐色小粒点。

病原诊断：*Sphaerotheca cucurbitae* (Jacz.) Z.Y. Zhao，瓜类单囊壳。附属丝菌丝状，闭囊壳内仅有1个子囊，子囊内有子囊孢子8个。*Erysiphe cichoracearum* DC.，菊苣白粉菌。附属丝菌丝状，子囊壳内含多个子囊，每个子囊内有2个子囊孢子。

瓜类叶枯病

　　症状识别：叶枯病主要为害叶片。真叶染病先出现明显的水渍状或褪绿斑点，圆形至近圆形，褐色，后融合为大斑，病部变薄，形成枯叶，湿度大时病部长出灰黑色至黑色霉层。茎蔓染病，产生棱形或椭圆形稍凹陷斑。果实染病，在果面上出现四周稍隆起的圆形褐色凹陷斑，可逐渐深入果肉引起腐烂。

　　病原诊断：*Alternaria cucumerina* (Ell. et Ev.)Elliott.，瓜链格孢。分生孢子梗单生或3～5根束生，正直或弯曲，褐色或顶端色浅，基部细胞稍大，具隔膜，常分枝；分生孢子多单生，有时2～3个链生，倒棒状或卵形至椭圆形，褐色，具横隔膜8～9个，纵隔膜0～3个，隔膜处缢缩，喙长。

瓜类霜霉病

症状识别：瓜类霜霉病在整个生育期都可发生，主要为害叶片。叶上呈黄褐色多角形斑，潮湿条件下叶背面病部长灰黑色霉。

病原诊断：*Pseudoperonospora cubensis* (Berk. et Curt.) Rostow，古巴假霜霉。菌丝无隔，无色，以吸器伸入寄主细胞内吸收养分。孢子囊梗自气孔伸出，先单轴后二叉分枝。孢子囊卵圆形或椭圆形，有乳突。产生游动孢子。

瓜类细菌性叶枯病

症状识别：主要为害黄瓜及甜瓜。黄瓜叶上呈油渍状角斑，甜瓜叶上呈油渍状圆形或不规则形大斑。有时从叶背病部溢出黄白色菌脓。

病原诊断：*Pseudomonas syringae* pv. *lachrymans*（Smith et Bryan）Young，Dye et Wilke，丁香假单胞杆菌。菌体杆状，单极生1～5根鞭毛，有荚膜，无芽孢，革兰氏阴性。

甜瓜果实腐烂

　　症状识别：甜瓜果实腐烂主要发生在储藏期，病斑白色至粉红色棉絮状霉层多是镰孢霉引起的，果肉溃烂成水，边缘白色霉层中央为绿色霉层多是由青霉菌引起的；暗灰绿色至黑色霉层多是链格孢属的真菌引起的，霉斑易脱落，果肉味苦。

　　病原诊断：是由多种真菌引起的，在新疆常见的有 *Fusarium* sp.，镰孢霉；*Penicillium* spp.，青霉；*Alternaria* sp.，链格孢等。

瓜类病毒病

症状识别：瓜类病毒病的症状因病毒种类及不同瓜类而异，又常受多种病毒复合侵染，因此，症状表现非常复杂。常见的症状有：花叶、叶片皱缩、黄化、坏死斑及果实畸形等。

病原诊断：CMV，黄瓜花叶病毒；MMV，甜瓜花叶病毒；WMV-2，西瓜花叶病毒2号；HMV，哈密瓜花叶病毒；SMV，南瓜花叶病毒；MVNV，甜瓜叶脉坏死病毒；TNV，烟草坏死病毒。

瓜列当

症状识别：寄生于西瓜或哈密瓜的根上，吸取营养，轻的致西瓜生长势减弱，叶色变淡；严重的植株变黄、矮小，造成减产或品质下降，重的成片枯死。

病原诊断：*Orobanche aegyptmca* Pers.，埃及列当，又叫分枝列当。全寄生性植物，以短发状吸根寄生于西瓜或其他植物根部，茎单生或分枝，高30～40cm，黄或紫褐色，叶片短尖，呈鳞片状，花序穗状；果实为蒴果，种子小，似葵花籽状，长约0.5mm。

十字花科蔬菜霜霉病

症状识别：自苗期开始侵染，主要为害叶片及花梗。叶片上初生淡黄绿色，边缘不明显的病斑，后变为黄色或黄褐色，常受叶脉限制成多角形，严重时病斑连片，病叶枯死，病叶背面密生白色霉层；花梗被害后，花器肥大，畸形，呈"龙头状"，其上生白色霜状霉。

病原诊断：*Peronospora parasitica* (Pers.) Fr.，寄生霜霉。游动孢子囊梗从叶背气孔伸出，二叉锐角分枝，末端尖细。

十字花科蔬菜白锈病

症状识别: 孢子囊小疱状, 叶背生, 有时多个小疱排成大斑, 小疱对应的叶正面深绿色或黄褐色, 边缘不明显。

病原诊断: *Albugo candida* (Gmelin: Persoon) Kuntze, 白锈菌。孢子堆生叶背面、叶柄、茎、枝梗和蒴果上, 白色疱斑。孢囊梗棍棒形, 顶部生孢子囊; 孢子囊近圆形。

白菜软腐病

症状识别：侵害柔嫩多汁的组织，常先从根颈部或叶柄基部腐烂，也有的从外叶边缘或心叶顶端开始向下发展，形成湿腐或干腐。病部呈浸润半透明状，及褐色黏滑软腐，并伴有恶臭。因发病部位不同有脱帮型、烧边型和烧心型三种。

病原诊断：*Erwinia carotovora* subsp. *carotovora* (Jones) Bergey et al.，胡萝卜欧文氏菌胡萝卜亚种。菌体短杆状，周生鞭毛2～8根，无荚膜，不产生芽孢，革兰氏染色阴性。

白菜病毒病

　　症状识别：白菜幼苗受害，首先心叶出现明脉及沿脉失绿，后呈花叶和皱缩；成株期病株表现不同程度矮化，外叶黄化或生褐色坏死斑；重病株皱缩、矮化、不包心，轻病株包心内叶片上常生一些灰色坏死斑；采种株受害花梗弯曲、畸形、结实少。萝卜、白菜、油菜、芜菁等症状基本相同。甘蓝受害，幼苗叶片上呈褪绿圆斑，后期呈淡绿色与黄绿色斑驳或明显花叶，老叶背面有黑色坏死斑。

　　病原诊断：TuMV，芜菁花叶病毒；CMV，黄瓜花叶病毒；TMV，烟草花叶病毒。

茄果类蔬菜疫霉病

症状识别：叶片发病，产生暗绿色湿腐斑，后转为褐色软腐，迅速凋萎；茎、枝条发病，病部黑褐色，皮层软化腐烂，致使上部枝叶凋萎而死，或顶端枝条易脱叶光秃；果实多先从蒂部发病，后至全果，似水烫，灰绿色，后灰色软腐，湿度大时病部生稀疏白霉。

病原诊断：*Phytophthora capsici* 等。孢囊梗无色丝状；孢子囊顶生，卵圆形，无色，顶有乳突。

番茄早疫病

　　症状识别：地上各部均可侵染。叶片上病斑圆形、椭圆形，深褐色，边缘具黄绿色晕环，中部有明显的突起同心轮纹，湿度大时病斑表面生黑色霉；茎多在分杈处产生病斑，灰褐色，椭圆形，稍凹陷，生有黑色霉；果实病斑大，凹陷，黑褐色，干腐，具明显同心轮纹，表面密生黑色霉层。

　　病原诊断：*Alternaria solani* (Ell. et Mart.) Jones et Grout.。分生孢子梗单生或簇生，圆桶形，有1～7隔膜，暗褐色；分生孢子长棍棒形，顶端有细长的嘴胞，黄褐色，具纵、横隔膜。

番茄溃疡病

症状识别：为害叶、茎、花和果实。幼苗期发病，病叶向上纵卷，逐渐萎蔫下垂，好似缺水，病叶边缘及叶脉间变黄，叶片变褐色枯死；幼苗的下胚轴或叶柄处产生溃疡状凹陷条斑，致病苗株体矮化或枯死；成株期发病，韧皮部纵裂，向髓部扩展，茎内部变褐色，病斑向上下扩展，后期下陷或开裂，茎略变粗，生出许多不定根。在多雨水或湿度大时，从病茎或叶柄病部溢出菌脓，菌脓附在病部上面，形成白色污状物，后茎内变褐色而中空，全株枯死，顶叶呈青枯状；幼果感病皱缩，畸形，潮湿时病果面产生圆形的"鸟眼斑"。

病原诊断：*Clavibacter michiganensis* subsp. *michiganensis* (Smith) Davis et a1., 密执安棒杆菌。菌体短杆状，无鞭毛。

番茄白粉病

　　症状识别：为害叶片，在叶两面生一层稀疏的白粉层。

　　病原诊断：*Oidiopsis solani* N. Ahamad，A. K. Sarbhoy，Kamal & D. K. Agarwal，茄拟粉孢霉。菌丝体内生。分生孢子梗3～5根一丛，从气孔伸出；初生分生孢子披针形，单顶生；次生分生孢子圆柱形。

辣椒白粉病

症状识别：为害叶片，在叶两面生一层稀疏的白粉层。

病原诊断：*Oidiopsis capsici* Sawada，辣椒拟粉孢霉。菌丝体内生。分生孢子梗3～5根一丛，从气孔伸出；初生分生孢子披针形，单顶生；次生分生孢子圆柱形。

茄子黄萎病

　　症状识别：茄子苗期至坐果期均可发病。病株一般自下向上发展。初期叶缘及叶脉间出现褪绿斑，在晴天中午呈萎蔫状，早晚尚能恢复，经一段时间后不再恢复，叶缘上卷，叶片变褐脱落，病株逐渐枯死，叶片大量脱落成光秆。剖视病茎，维管束变褐。有时植株半边发病，呈半边疯或半边黄。

　　病原诊断：*Verticillium dahliae* Klebahn，大丽轮枝孢。病菌分生孢子梗直立，细长，上有数层轮状排列的小梗，梗顶生椭圆形、单胞、无色的分生孢子。厚垣孢子褐色，卵圆形。可形成许多黑色微菌核。

茄果类蔬菜病毒病

症状识别：主要为害番茄、辣椒、马铃薯。有三种表现症状：叶片出现浓淡绿相间的花斑，幼苗表现矮缩，新叶略歪扭，成株不矮缩，新叶表现花斑，称为花叶型。有的叶片狭长呈线状，色淡，卷曲，节间缩短，称为蕨叶型。有的在叶、叶柄及茎上出现红褐色至黑褐色的不死条斑，病茎易折断，病果有坏死斑和畸形，称条纹型。

病原诊断：TMV，CMV，PVX，PVY，BBWV，PMV。

番茄脐腐病

症状识别：该病一般发生在果实长至核桃大时。最初表现为脐部出现水渍状病斑，后逐渐扩大，致使果实顶部凹陷、变褐。病斑通常直径1～2cm，严重时扩展到小半个果实。在干燥时病部为革质，遇到潮湿条件，表面生出各种霉层，常为白色、粉红色及黑色。这些霉层均为腐生真菌，而不是该病的病原。发病的果实多发生在第一、二穗果实上，这些果实往往长不大，发硬，提早变红。

病因诊断：由水分供应失调、缺钙、缺硼等原因引起。

辣椒、番茄日灼病

症状识别：主要发生在果实上，多发生在果实向阳面，被日光强烈照射后。初为浅白色脆质的小斑，后逐渐扩大为直径20～30mm，甚至更大的圆形或近圆形病斑。病果皮变薄、变硬，白色革质。后期病斑有时破裂，或因腐生菌感染长出黑色或粉色霉，或者软化腐烂。

病因诊断：日烧病的产生原因是果实暴晒在阳光下，阳光直射部位的皮细胞被灼伤后死亡所致。据测定，辣椒果实被强光直射部位的表皮细胞温度增高，有时能高出周围其他细胞温度10℃以上，被灼细胞很快死亡。

番茄根结线虫病

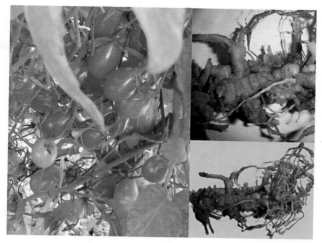

　　症状识别：为害根系。在须根和侧根上生淡黄色串珠状小根结，或形成畸形瘤状根结。剖开根结，可见小的乳白色、梨形线虫。通常在根结上能够生出须根，须根又会生串珠形根结。感病轻的植株无明显症状，感病重的植株地上部发育不良，矮小，畸形，蕨叶，结果少或不结果。

　　病原诊断：*Meloidogyne incognita* Chitwood，南方根结线虫。雄成虫线形，尾端钝圆；雌成虫洋梨形，埋藏于寄主组织内，乳白色，排泄孔近于吻针基球处，有卵巢2个，盘卷于虫体内，肛门和阴门位于虫体末端，会阴花纹弓背稍高，顶或圆或平，侧区花纹由波浪形到锯齿形，侧区不清楚，侧线上的纹常分叉。

菜豆锈病

　　症状识别：为害叶片、茎和荚果。病叶初现黄白色小疱斑，后疱斑明显隆起，颜色逐渐变深，表皮破裂，散出铁锈色粉状物(夏孢子团)，严重时锈粉覆满叶面。在植株生长后期，夏孢子堆上及其四周出现黑色冬孢子堆，散出黑粉(冬孢子团)。

　　病原诊断：*Uromyces phaseoli* (Pers.) Wint.，菜豆单胞锈菌。属于全孢型单主寄生锈菌。

大蒜红粉病

症状识别：多为害储藏期的大蒜。大蒜外皮上生长一层粉红色的霉，逐渐扩展到整个蒜头；蒜瓣感病，初期为水渍状斑，逐渐扩大，延及全瓣，后期生粉红色霉层。

病原诊断：*Trichothecium roseum* (Link. ex Fr.) Corda，粉红单端孢。分生孢子梗细长，顶端略弯，顶生分生孢子，分生孢子簇生于分生孢子梗顶部，椭圆形、梨形至倒卵形，双胞，分隔处缢缩。

葱类灰霉病

症状识别：为害葱和洋葱。叶片最初出现椭圆形或近圆形白色斑点，且多数发生于叶尖，以后逐渐向下发展并连成一片，致使葱叶卷曲枯死，当湿度大时，可在枯叶上产生大量灰色霉层（分生孢子梗和分生孢子）。"灰霉"为鉴别本病的主要特征。

病原诊断：*Botrytis allii* Munn.，葱葡萄孢。子囊阶段是*Botryotinia allii* (Sawada) W.Yamam。在大葱上发生的灰霉病病原还有灰葡萄孢 *B. cinerea* Pers.。

大蒜锈病

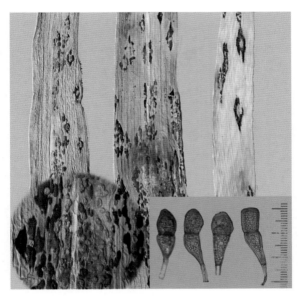

症状识别：为害叶片和假茎。病部初为梭形褪绿斑，后在表皮下现出圆形或椭圆形稍凸起的夏孢子堆，表皮破裂后散出橙黄色粉状物，即夏孢子。病斑四周具黄色晕圈，后病斑连片，致全叶黄枯，植株提前枯死。生长后期，在未破裂的夏孢子堆上产出表皮不破裂的黑色冬孢子堆。

病原诊断：*Puccinia allii* (DC.) Rudolphi，葱柄锈菌。夏孢子堆黄褐色，埋在表皮下；夏孢子广椭圆形，单胞，具芽孔8～10个；冬孢子堆黑褐色至黑色；冬孢子双胞，偶尔单胞，长圆形或卵圆形，顶部尖或截平。

大蒜白粉病

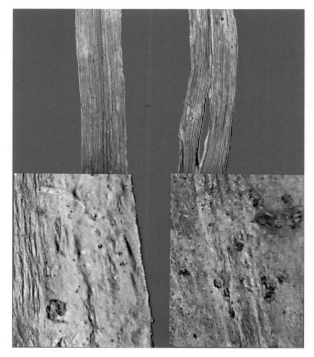

  症状识别：为害叶。形成斑块，并相互连成大斑。白粉层厚毡状，后期白粉层中埋生小黑点。

  病原诊断：*Leveillula allii* Z.Y Zhao：J.S.Jia，大蒜内丝白粉菌。外生菌丝体密集成厚毡状；初生分生孢子倒棍棒形至长卵形，表面粗糙和有粗糙的纵向皱纹；子囊壳埋生，扁球形至白形，附属丝短而稀疏，子囊壳内子囊多个，子囊内子囊孢子2个。

芹菜斑枯病

　　症状识别：为害叶片、叶柄和茎，由于栽培品种不同病斑大小差异较大，过去曾认为是两种病原菌分别引起的病害。病斑散生，中央褐色，外缘深褐色；病斑上散生黑色小斑点，病斑外常有一黄色晕圈；叶柄或茎上的病斑长圆形，暗褐色，稍凹陷，油渍状，中央密生黑色小点。

　　病原诊断：*Septoria apii* Chester，芹菜壳针孢。分生孢子器埋生，乳突外露，扁球形；分生孢子线形，弯曲，有0～3个不明显的隔。过去曾用过的另一学名 *Septoria apii-graveolentis* Dorog.，是晚出异名。

莴苣霜霉病

症状识别：主要为害叶片。病斑初呈黄绿色，无明显边缘，后扩大，受叶脉限制呈多角形。叶片背面生白色霉状物(孢子囊及孢囊梗)。本病多先从下部叶片开始发生，渐向上蔓延，后期叶片枯萎。

病原诊断：*Bremia lactucae* Regel.，莴苣盘梗霉。孢囊梗自气孔伸出，单生或2~6根束生，无色，无分隔，主干基部稍膨大，叉状对称分枝4~6次，主干和分枝呈锐角，顶端分枝扩展成小碟状，边缘长出3~5条小短梗，每一小梗上长1个孢子囊；孢子囊单胞，无色，卵形或椭圆形，无乳状突起。

菠菜霜霉病

　　症状识别：为害叶片。初期叶面产生淡绿色小点，发展成淡黄色病斑，以后扩大成不规则病斑，叶背病斑着生白色霉层。病斑从植株下部向上扩展，夜间有露水时易发病。干旱时病叶枯黄，多湿时病叶腐烂，严重时叶片全部变黄枯死。病害在低温高湿环境下发病严重，有时甚至绝收。

　　病原诊断：*Peronospora effusa*（Grev.）Ces.。孢囊梗从气孔伸出，无色，分枝与主轴成锐角，分枝3~6次；孢子囊卵形，半透明，顶生，无乳状突，单胞；卵孢子球形，黄褐色，具厚膜。

苋菜白锈病

症状识别：孢子堆叶背生，为白色突起的小疱，小疱对应的叶正面褪成淡绿色，稍突起，小疱周围有淡绿色环纹或褐色枯斑。

病原诊断：*Albugo bliti* (Bivona-Bernardi) Kuntze，苋白锈。孢子堆主要叶背生，散生至密聚生，白色突起的小疱；孢囊梗棍棒状，上部稍粗；孢子囊近球形，单胞，无色，链生小梗上。

马齿苋白锈病

　　症状识别：孢子堆生叶正面和茎上，偶尔生叶背面，白色，半球形突起，叶上无病变。

　　病原诊断：*Albugo portulacae* (de Candolle) Kuntze，马齿苋白锈菌。孢子堆散生至群生，白色至淡黄色，近圆形；孢囊梗棍棒形，孢子囊串生，卵孢子有网纹。

胡萝卜白粉病

　　症状识别：为害叶、叶柄和茎。病部覆盖一层白粉，严重时全株变白色，入秋后白粉层中生出黄褐色至黑褐色小球——子囊壳。

　　病原诊断：*Erysiphe umbelliferarum* de Bary，伞形科白粉菌。菌落生叶两面、叶柄和茎上，展生。分生孢子长椭圆形；子囊壳聚生，球形，内含子囊4～6个；附属丝丝状；子囊椭圆形至倒卵形，有短柄，内含子囊孢子2～5个；子囊孢子椭圆形。

果树病害

果树根癌

症状识别：生寄主的根颈部、根部、老蔓上，嫁接伤口处发病最多。初期并不形成形似愈伤组织的癌瘤，癌瘤淡绿色或乳白色，质地柔软，瘤体不断长大，颜色逐渐变为褐色至暗褐色，内部组织逐渐木质化，表面粗糙不平，瘤体大小不一，形状各异，老熟病瘤表皮龟裂。

病原诊断：*Agrobacterium tumefaciens* (Smith et Townsend) Conn.，根癌土壤杆菌。菌体杆状，周生几根短鞭毛。革兰氏阴性。

核果类流胶病

症状识别：流胶病有两大类，即非侵染性流胶病和侵染性流胶病，新疆常见的是非侵染性流胶病。主要为害主干、主枝以及小枝条。发病初期，病部稍肿大，从患部流出乳白色半透明的黏稠树脂，与空气接触后，树脂凝结呈胶冻，干燥后坚硬，呈琥珀状。病部皮层和木质部变褐腐朽。侵染性流胶病主要为害枝干，一年生枝条发病较多。

病原诊断：非侵染性流胶病发病因素复杂，主要是低温、冻害、冰雹、病虫害、结果不均等因素。侵染性流胶病是由 *Botryosphaeria* 引起的。

果树黄化综合症

　　症状识别：有以下二种类型：一类是叶脉保持绿色，叶脉间变黄色；另一类是嫩枝抽出，叶全部为淡黄绿色至淡黄色，遇干旱天气叶缘枯焦。

　　病原诊断：一类是缺素综合症（主要是缺铁和锌）；另一类病原是植原体（Phytoplasma）。新疆的土壤盐碱化较重，土壤pH高，土壤中可吸收态的铁离子少，土壤板结，透气性差，易使果树缺素。

果树叶肿病（毛毡病）

　　症状识别：不同的寄主和不同种的螨为害表现出不同的症状，大致可分为两类：叶肿类和毛毡类。

　　叶肿类：初期叶面出现褪绿的隆起小斑，逐渐变红，后变红褐色，病斑的叶背面呈黄褐色，显著隆起，同时还有细小的圆洞。毛毡类：病斑隆起、皱褶，叶的表皮细胞增生出许多颜色各异的茸毛，酷似地毯。

　　果实被害多形成疮痂状。

　　病原诊断：该病由蜘蛛纲、瘿螨引起。引起苹果、梨叶肿病的是梨叶肿瘿螨（*Eryophyes piri* Nal.），引起葡萄毛毡病的是葡萄缺节瘿螨 [*Colomerus vitis* (Pagenstecher)]；引起枸杞叶肿病的是枸杞叶螨（*Aceria macrodonis* Keifer）。

果树菟丝子

　　寄生在多种木本和草本植物上。南北疆荒漠地区。

　　病原：*Cuscuta engelmanii* Korh.，恩氏菟丝子；*Cuscuta lupulifornis* Krocher，啤酒花菟丝子；*Cuscuta monogyna* Vahl.，单柱菟丝子。

　　形态：以啤酒花菟丝子为例，一年生草本，茎粗壮，细绳状，直径粗约3mm，红褐色，具瘤，多分枝，无毛。花无柄或具短柄，淡红色或近白色，聚集成断续的穗状总状花序，花冠圆筒形，超出花萼约1倍。种子卵形，具喙，花期7月，结果期8月。

苹果黑星病

症状识别：为害叶片、果梗和果实。病斑近圆形，边缘放射状，灰褐色至黑褐色，生有绒毛状霉层，在果实上的病斑明显，常数个病斑连成大斑，木栓化，龟裂。

病原诊断：*Spilocaea pomi* Fr.，苹果环黑星孢。有性阶段：*Venturia lnaequalis* (Cooke.) Wint.，苹果黑星菌。病斑上的黑褐色霉层是病原菌的无性型。分生孢子梗单生或丛生，褐色，单胞，短而粗，圆柱形，有时稍弯曲，顶部有环痕。分生孢子长梨形或近梭形，基部平截，顶部略尖，深褐色，单胞或双胞。有性型在落叶上产生。

苹果白粉病

症状识别：为害叶、花和幼果。嫩叶感病，叶变戟形，细而长，扭曲，布满白粉，后期在叶背面主脉附近生黑褐色的小点（子囊壳）；花感病严重时，不开放，萎蔫枯死，感病轻者，花柄和萼片畸形，覆盖一层白粉；幼果感病，表面覆盖一层白粉，果实长大后白粉脱落，留下网状锈斑，病斑部变硬，龟裂；嫩梢感病，严重时不能抽条放叶，感病轻的芽抽叶缓慢，布满白粉。

病原诊断：*Podosphaera leuchotricha* (Ell. : Ev.) Salman，白叉丝单囊壳。叶片上的白粉层是菌丝体、分生孢子梗和分生孢子，分生孢子圆筒形，串生；子囊壳内仅有 1 个子囊，附属丝生子囊壳的顶部，少数附属丝顶端双叉式分枝。

苹果褐腐病

症状识别：为害花、叶、枝梢和果实，从幼果到成熟期都能感病，成熟期发病较重。初期果实表面形成圆形褐色病斑，遇低温高湿的环境，病斑迅速扩展，果实变褐软腐，表面生灰褐色绒毛状霉层，有时出现同心轮纹状霉层，在干燥的环境下病果失水干缩，悬挂树上。

病原诊断：*Monilia fructigena* Pers.，有性阶段 *Monilinia fructicola* (Wint.) Rehm.。病斑上的霉点是分生孢子梗和分生孢子。分生孢子无色，单细胞，柠檬形或卵圆形，链生。

苹果褐斑病

症状识别：主要为害叶片，有时也为害果柄和果实。初期叶两面出现褐色小点，直径不到10mm，常引起早期落叶。后期的症状因品种和发病期不同而异，常见的有同心轮纹型、放射状针芒型以及混合型。

病原诊断：*Marssonina mali* (P.Henn.) Ito，苹果盘二孢。病斑上的褐色小点是分生孢子盘。分生孢子盘埋生于寄主叶片的表皮下，孢子成熟后突破表皮外露；分生孢子无色，双细胞，分隔处缢缩，上部细胞大而圆，下部细胞窄而尖，有2～4个油球。

苹果叶斑病

　　症状识别：在叶片上形成近圆形至椭圆形的斑点，褐色，边缘为深褐色，有时在病斑的叶背面出现散生的小黑点——分生孢子器。

　　病原诊断：*Phyllosticta pirina* Sacc.，梨叶点霉。病斑上的暗褐色小点是分生孢子器。分生孢子器埋生在表皮层下面，孔口外露；分生孢子椭圆形，无色，单细胞。

苹果锈病

　　症状识别：主要为害叶片，也为害叶柄、幼果和果柄。病斑初期淡黄绿色，圆形，后逐渐扩大，变橙黄色，边缘红色，加厚，叶正面显现黄色细小的蜜滴，蜜滴下有性孢子器；后在病斑的叶背面长出许多细管状锈孢子器。

　　病原诊断：*Gymonosporangium asiaticum* Miyabe ex Yamada，亚洲胶锈菌。在苹果上形成性孢子器和锈孢子器，转主寄主是圆柏，在圆柏的枝条上完成冬孢子阶段。

苹果腐烂病

症状识别：从幼苗、幼树至老龄树都能发病，为害树干、主枝、侧枝和一年生枝条。枝条上症状有溃疡型和枝枯型，溃疡型：病部皮层红棕色或红褐色，水渍状，不规则圆形，松软，并流出黄褐色汁液，有酒精味，树皮易剥离，后期干缩，病斑表面出现许多小黑点——分生孢子座，遇气候潮湿的环境，从小黑点上长出橘黄色至红色丝状卷须——分生孢子角。枝枯型：枝条干枯，皮层下生小黑点。

病原诊断：*Valsa mali* Miyabe：Yamada，苹果黑腐皮壳。无性型属 *Cytospora*，在病斑上看到的小黑点是病原菌的无性阶段分生孢子座。分生孢子器生子座内，一孔多腔；分生孢子单细胞，无色，腊肠形。

苹果锈果病

症状识别：果实上症状主要有锈果型、花脸型和复合型三种。

锈果型：在幼果顶部出现深绿色水渍状斑点，逐渐沿果面纵向发展成五条与心室相对的锈色斑纹，木栓化仅限皮层，锈斑常龟裂。花脸型：果实着色前无明显变化，着色后出现红色和黄绿色相间的花脸，果面凹凸不平，果实小，果肉硬。

病原诊断：Apple scar skin viroid，ASSVd，类病毒。

苹果花叶病

症状识别：在新疆仅发现斑驳型和花叶型两种症状。

斑驳型：叶片上产生大小不一，形状不规则的鲜黄色斑点，边缘明显，后期变白色。花叶型：病叶上出现深绿色与浅绿色相间的形状不规则大块斑。

有时也可见条斑和网纹斑、环形斑、镶边斑等。

病原诊断：Apple mosaica virus，ApMV，病毒。

梨白粉病

　　症状识别：叶两面生白色、粉质、近圆形、无明显边界的斑块，叶背面白粉较多，后期白粉层消失，出现淡褐色至黑色的小球。

　　病原诊断：*Phyllactinia pyri* Y. N. Yu，梨球针壳。叶片上的白粉层是病原菌的外生菌丝、分生孢子梗和分生孢子。分生孢子串生，长圆柱形或长椭圆形，单胞，无色；子囊壳扁球形，附属丝球针状，子囊壳内含子囊多个，子囊内含子囊孢子2个。

梨树腐烂病

症状识别：从幼苗、幼树至老龄树都能发病，为害树干、主枝、侧枝和一年生枝条。症状有溃疡型和枝枯型，溃疡型：病部皮层红棕色或红褐色，水渍状，不规则圆形，松软，并流出黄褐色汁液，有酒精味，树皮易剥离，病斑表面出现许多小黑点——分生孢子座，遇气候潮湿的环境，从小黑点上长出橘黄色至红色丝状卷须——分生孢子角。枝枯型：枝条干枯，皮层下生小黑点。

病原诊断：*Cytospora ambiens* (Pers.) Fr.，梨壳囊孢。子座墨绿色，内仅有一个分生孢子器，一孔多腔；分生孢子腊肠形。

梨果实腐烂

症状识别：初期果实上出现近圆形水渍状斑点，稍凹陷，在适宜的环境下，病斑迅速扩大，中部长出不同颜色的霉层，梨肉溃烂。

病原诊断：常见的有：*Penicillium* spp.，青霉属；*Aspergillus* spp.，曲霉属；*Alternaria* sp.，链格孢；*Trichothecium roseum* (Bull.) Link.，红粉单端孢；*Rhizopus stolonifer* (Ehrb. ex Fr.) Vuill.，黑根霉等。

杏细菌性穿孔病

　　症状识别：主要为害叶、枝梢和果实。初期病斑小，红色至暗紫色，圆形，中央凹陷边缘水渍状，在潮湿的环境下，病斑上会出现黄白色黏液。

　　病原诊断：*Xanthomonas pruni* (Smith) Dowson。菌体短杆状，单极生 1～6 根鞭毛，有荚膜，无芽孢。革兰氏阴性。

杏腐烂病

  症状识别：病枝条不显病斑，干枯萎缩，以后病枝皮层下生黑色小点——分生孢子座，遇果园浇水或下雨，子座顶部长出橘黄色的卷须——分生孢子角。

  病原诊断：*Cytospora rubescens* Fr.。分生孢子座扁圆形，顶部有1个孔口，子座内多腔；分生孢子腊肠形。

桃白粉病

症状：为害叶、叶柄、新梢、果实和果柄。病叶扭曲，皱缩，畸形，生有近白色厚霉层；幼果感病畸形，并生有大小不等的白色霉斑，近成熟期果实感病先生一块块白色霉斑，后病斑木栓化。

病原诊断：*Sphaerotheca pannosa* (Wallr.) Lév.。子囊壳球形，埋在毡状的菌丝体中；附属丝短，丝状；子囊壳内只有1个子囊，子囊内有子囊孢子8个。

巴旦木白斑病

症状识别：为害叶片。病斑初期淡黄绿色，往往发展受到叶脉的限制，黄白色至白色，病斑的叶背面生稀疏的白色霉层。

病原诊断：*Cercosporella persicae* Sacc.，桃小尾孢。分生孢子梗生叶背面，丛生，上部少屈膝状弯曲；分生孢子尾孢状。

桃腐烂病

症状识别：病枝条不显病斑，干枯萎缩，后皮层下生黑色小点——分生孢子座，遇果园浇水或下雨，子座顶部长出橘黄色的卷须——分生孢子角。

病原诊断：*Cytospora laurocerasi* Fuck.。分生孢子座扁圆形，顶部有 1 个孔口，子座内多腔；分生孢子腊肠形。

桃缩叶病

症状识别：为害叶片、花和嫩枝。春季嫩梢从病芽中长出时，嫩叶波纹状，叶缘叶尖向后卷曲，皱缩，后病叶肥厚，皱缩，叶变紫红色，叶背面生一层灰白色粉质霉层；病嫩枝节间短、粗、扭曲，叶丛生；病果畸形，果面龟裂。

病原诊断：*Taphrina deformans* (Berk.) Tul.，畸形外囊菌。子囊在病部表面排列成一片，长圆筒形，下部常有足细胞。

桃细菌性穿孔病

　　症状识别：主要为害叶片、果实和嫩梢。病斑生叶片两面，近圆形至不规则形，紫褐色至黑褐色、褐色，边缘有黄绿色晕圈，最后干枯，脱落成孔。枝条生病初期淡褐色，水渍状，不断扩大，中部稍下凹，溃疡状，有时伴有流胶。果实生病初期病斑为褐色、水渍状小点，后变深褐色并凹陷。

　　病原诊断：*Xanthomonas campestris* pv. *pruni* (Smith) Dye，桃叶穿孔病黄单胞杆菌。革兰氏阴性，菌体杆状，两端钝圆，单极生 1 ～ 2 根鞭毛。

桃果实疮痂病

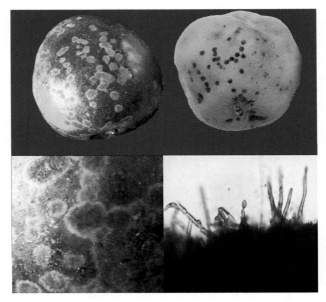

症状识别：主要为害果实，其次是叶和嫩梢。初期病斑暗绿色，圆形，小，后扩大至2～3mm，发病严重时，联合成大块，边缘淡黄绿色，中部黑绿色。病斑有时龟裂。

病原诊断：*Cladosporium carpophilum* Thum.。病菌的菌丝在表皮层下蔓延，不深入果肉；分生孢子梗突破表皮丛生，分枝或不分枝，弯曲，有分隔，暗褐色；分生孢子单生或短链生，椭圆形，单胞或双胞，无色或浅橄榄色。

樱桃李袋果病

症状识别：为害李、樱桃李等李属植物。病果变成囊状或长袋状，比健康果实长近1倍或更长，中空，多数后期脱落。

病原诊断：*Taphrina pruni* (Fuck.) Tulasne。子囊裸生在病果表面和果腔内，排成一层。子囊长椭圆形至长袋形，子囊孢子球形。

樱桃李白粉病

　　症状识别：叶正面散生白色粉状斑点，逐渐扩大，遍及全叶，后期白粉层中生小黑点——病原菌的子囊壳。

　　病原诊断：*Uncinuliella rosae* var. *pruni* Zhao Z.Y.: Yuan Z.Q.，蔷薇小钩丝壳李变种。子囊壳聚生，扁球形至球形。附属丝两型，长附属丝生子囊壳的赤道带，长，顶部钩状卷曲；小附属丝生子囊壳赤道带的上半部，棒状至小钩状，短而细小。子囊壳内含子囊8～10个，子囊内含子囊孢子4～6个。

李褐腐病

　　症状识别：为害花、叶和果实，从幼果到成熟期都能感病，成熟期发病较重。初期果实表面形成圆形褐色病斑，后病斑迅速扩展，果实变褐色软腐，病果表面生灰褐色绒毛状霉层，有时出现同心轮纹状霉层，在干燥的环境下病果失水干缩，悬挂树上。

　　病原诊断：*Monilia cinerea* Bonord.，灰丛梗孢。病斑上的霉点是分生孢子梗和分生孢子。分生孢子无色，单细胞，柠檬形或卵圆形，链生。

樱桃李细菌性穿孔病

　　症状识别：主要为害叶片、果实和嫩梢。病斑生叶片两面圆形至不规则形，紫褐色至黑褐色、褐色，边缘有黄绿色晕圈，后干枯，脱落成孔。枝条生病病斑初期淡褐色，水渍状，不断扩大，中部稍下凹，溃疡状，有时伴有流胶。果实生病病斑初期为褐色、水渍状小点，后变深褐色并凹陷。

　　病原诊断：*Xanthomonas campestris* pv. *pruni* (Smith) Dye，桃叶穿孔病黄单胞杆菌。革兰氏阴性，菌体杆状，两端钝圆，单极生 1 ～ 2 根鞭毛。

樱桃李丛枝病

　　症状识别：病枝节间缩短，密集丛生，叶片变小而密生。

　　病原诊断：据文献记载引起李丛枝病的有 *Taphrina*（外囊菌）和 Phytoplasma（植原体）。

葡萄霜霉病

　　症状识别：为害叶片、叶柄、嫩梢、卷须、穗轴和果实。叶片生病初期显半透明、油渍状小斑点，以后扩展成黄色至褐色多角形大斑，叶背面常出现紫色霜状霉层。嫩梢、果穗感病病斑椭圆形，褐色，潮湿时显白色霉层。

　　病原诊断：*Plasmopara viticola* (Berk. : Curt.) Berl. : Toni 葡萄单轴霉。游动孢子囊梗3～4根一束，从气孔伸出，主轴上2～4次分枝，多成直角，分枝末端生小梗。孢子囊无色，单胞，椭圆形至卵圆形，顶端乳头状突起。

葡萄白粉病

症状识别：为害叶片、蔓、卷须、果穗和果实。叶片生病，初期形成褪绿块斑，上覆一层白粉，果穗、蔓、嫩梢生病出现黑褐色网状线纹，上覆白粉层。

病原诊断：*Uncinula necator* (Schw.) Burr.葡萄钩丝壳，白粉层是病原菌的外生菌丝体、分生孢子梗和分生孢子。分生孢子单胞、串生，椭圆形至卵圆形，生长后期白粉层稀疏，出现小黑点——子囊壳，附属丝末端钩状弯曲，子囊壳内有子囊多个，子囊内有子囊孢子4～6个。

葡萄黑痘病

症状识别：为害叶片、叶柄、果柄、果实、新梢和卷须等幼嫩绿色部位，果实被害较重。叶片生病初期现针头大小的红褐色至黑褐色斑点，周围有黄色晕圈，病斑扩大后呈圆形或不规则形，中央灰白色，稍凹陷，边缘保持褐色晕圈，叶脉上的病斑长条形，凹陷，造成叶片扭曲、皱缩和干枯。绿果生病病斑圆形，深褐色，边缘紫褐色，中部略凹陷，呈灰白色，"鸟眼状"。

病原诊断：*Sphaceloma ampelinum* de Bary，葡萄痂囊腔菌。病斑中央生锥形的子座，上面丛生圆柱形分生孢子梗，分生孢子单胞、无色。

葡萄褐斑病

症状识别：病斑叶两面生，初期小，近圆形，浅青黄色，后期病斑多红褐色至暗红褐色，不规则形，叶背面病斑上生深色的绒毛。有时病斑联合成大斑。

病原诊断：*Phseoramularia dissiliens* (Duby) Deighton，葡萄色链格孢。菌落生叶背面，菌丝体内生。子座生气孔内，浅青黄色，由细胞球组成。分生孢子梗密集生于子座上，褐色，直立或稍弯曲，有时顶部屈膝状弯曲，1～5隔膜，孢痕明显。分生孢子圆柱形或倒棍棒形，无色至浅青黄色，链生或具分枝链，1～5隔膜，不缢缩。

葡萄黑霉斑病

症状识别：主要生叶背面，发病初期叶背面现黑色、稀疏的霉层，病斑无明显边缘，扩大后，多成近圆形，最后成不规则形，干枯。

病原诊断：*Asperisporium vitiphyllum*（Speschn.）Deiphton apud Sutton，葡萄叶生糙孢霉（拟）。分生孢子梗丛生在叶背面，数十根一丛，梗顶部孢痕明显；分生孢子黄褐色至深褐色，棒状，直或稍弯，串生，0～5横隔。

葡萄果实软腐病

　　症状识别：从葡萄果实膨大期开始，果穗变褐色，软腐，果粒干缩，果穗上出现褐色霉层。

　　病原诊断：*Rhizopus stolonifer* (Ehrenb. ex Fr.) Vuill.，*Penicillium* spp.，*Aspergillus* sp.，目前分离到的菌株是菌落褐色至黄褐色，有待进一步研究。

核桃褐斑病

　　症状识别：主要为害叶片。病斑叶正面生，近圆形至不规则形，褐色至暗褐色，中部灰白色至淡褐色。病斑上散生明显的小黑点——分生孢子盘。

　　病原诊断：*Marssonina juglandis* (Lib.) Magn.，核桃盘二孢。分生孢子盘叶正面生，黑色至黑褐色，圆形，突起，宽圆锥形；分生孢子新月形至腊肠形，单胞至双胞，有2至多个油点。

核桃白霜病

　　症状识别：病斑叶两面生，叶正面病斑多角形，淡黄色至枯黄色，叶背面病斑上生满白霜。病叶不脱落。

　　病原诊断：*Microstroma juglandis* (Dereng) Sacc.，核桃微座孢。叶背面白霜是分生孢子座、分生孢子梗和分生孢子。分生孢子梗单胞，长圆柱形或长棒形，不规则形曲折；分生孢子单胞，椭圆形至卵形，大小差异较大。

核桃腐烂病

　　症状识别：为害苗木、幼树和成林，嫁接伤口附近发病较多。病斑分两种类型：溃疡型主要发生在主干和大枝条上，病斑椭圆形或不规则形，先水渍状，稍肿，失水后下陷，皮层下显小黑点；枝枯型往往不显病斑，枝条枯死，干缩，出现小黑点。

　　病原诊断：*Cytospora juglandina* Sacc.，核桃壳囊孢。病斑上的小黑点是分生孢子座，子座上红丝或红色"胶块"是分生孢子角。分生孢子座内生分生孢子器；分生孢子器孔口外露，一孔多腔。分生孢子腊肠状。

核桃果实霉烂

　　症状识别：在核桃采收后，剥皮晾晒或储藏期遇高温、高湿的小环境果仁易受曲霉、青霉、镰孢霉和匐枝根霉等霉菌的感染，变褐色，油渍状，有时果壳也出现油渍斑，同时还有霉味，果仁变苦；感染匐枝根霉后，果壳内外出现菌丝和一丛丛小绒毛。

　　病原诊断：*Aspergillus* sp.，曲霉。菌落褐色、深褐色至黑色。分生孢子梗直立，顶部膨大成球形、椭圆形或棍棒形的泡囊；泡囊上生小梗；小梗上串生球形分生孢子。

枣叶斑病

症状识别：病斑叶两面生紫色，近圆形至不规则形，中央褪成灰白色，边缘有紫红色的晕圈。

病原诊断：*Cercospora zizyphi* Petch，枣尾孢属。病原菌生叶背面病斑中央，稀疏，分生孢子梗丛生，圆柱形，稍弯曲，顶部稍曲折；分生孢子，尾孢形。

枣疯病

症状识别：枝叶丛生，花器、芽变态，果实变形，新芽萌发的小枝丛生，病枝纤细，节间缩短，叶片小而黄，花器返祖，花柄延长成枝条，花萼、花瓣和雄蕊肥大、变绿，延长成小枝，病果果面凹凸不平，着色不匀，果肉多渣，不能食用。

病原诊断：Phytoplasma，植原体。植原体为不规则球形，直径90 ～ 260 nm，外膜厚度为8.2 ～ 9.2nm，堆积成团或连接成串。植原体对四环素族抗生素敏感，常被用于鉴定或防治植原体病。

枣果实黑斑病

症状识别：为害枣果实，当果实进入成熟期后，局部干瘪，下陷，病部变紫红色或黑紫色，病斑上出现一丛丛绒毛。

病原诊断：*Alternaria* sp.，链格孢。病枣镜检和病枣干瘪部位的果肉分离培养后镜检，均得到同样的病原菌——链格孢。该菌分生孢子梗3～5根一丛，分生孢子梗上部屈膝状弯曲1～3次，孢痕明显；分生孢子长梨形，砖格形，有横隔3～5（～6）个，纵隔1个，少数有2纵隔，偶见短链。

另有一类是整个果实干缩，表面生粉红色粉，是粉红单端孢 *Trichothecium roseum* (Linn. et Fr.) Corda.。

桑叶斑病

　　症状识别：初期现褐色小点，近圆形后病斑逐渐扩大，常受叶脉限制，后呈多角形或不规则形，褐色至深褐色，中部色浅。病斑上生稀疏的一丛丛小点——分生孢子梗。

　　病原诊断：*Septogloeum mori* Briosi et Cav.，桑黏隔孢。分生孢子盘散生在病斑中部，角质层不规则开裂；分生孢子梗短圆柱形1～2隔；分生孢子棒形或梭形，1～3隔，基部平截。

沙枣白粉病

　　症状识别：叶背面长满密而厚的白粉层，毡状。白粉层中埋生许多小黑点——子囊壳。

　　病原诊断：*Leveillula elaeagnacearum* Golov.，沙枣内丝白粉菌。白粉层由外生菌丝体和分生孢子梗、分生孢子组成。分生孢子顶生，披针形；次生分生孢子圆柱形；子囊壳埋在菌丝体中，附属丝少而短，丝状，子囊壳内有子囊多个，子囊内有子囊孢子2个。

沙枣斑枯病

　　症状识别：初期病斑褐色，小，随着沙枣的生长，病斑扩大，成近圆形至不规则形，褐色，中部颜色变浅为淡褐色至灰白色，并生有深褐色的小点——分生孢子器。

　　病原诊断：*Septoria argyraea* Sacc.，沙枣壳针孢。分生孢子器埋在叶正面的表皮中，球形，孔口不明显，全壁芽生式产孢。分生孢子线形或圆柱形，直或稍弯，有1~3横隔。

沙枣枝枯病

　　症状识别：枝条干枯，不显任何病状，在枯枝上可见散生在树皮下的小黑点——分生孢子座。

　　病原诊断：*Cytospora elaeagni* Allesch.，沙枣壳囊孢。分生孢子座生枝条皮层下面，圆锥形，顶部有1个孔口；分生孢子器多腔，分生孢子腊肠形。

沙枣果实黑斑病

　　症状识别： 在沙枣果实的角质层下显出灰褐色至灰黑色近圆形斑点，边缘浸润状，在潮湿的环境下角质层下黑霉层突破角质层外露。

　　病原诊断： *Cladosporium epiphyllum* (Pers.) Mart., 沙枣芽枝霉。病斑上的霉层是病菌的分生孢子梗和分生孢子。分生孢子梗棍棒形，直或稍弯曲，橄榄褐色，合轴式延伸；分生孢子链生，有芽殖功能，圆柱形、椭圆形或梭形，淡褐色至深褐色，表面光滑。

树莓锈病

症状识别：不显病斑，在叶片背面出现淡黄色的粉堆——夏孢子堆。生长后期叶背面淡黄色的粉堆消失，出现黑褐色至黑色粉堆——冬孢子堆。

病原诊断：*Phragmidium rubi-idaei* (de Candolle) P. Karsten，覆盆子多胞锈菌。叶背面黄色粉堆是夏孢子堆。夏孢子单胞，椭圆形至卵圆形，壁上密布小疣。冬孢子堆黑褐色至黑色，粉堆。冬孢子长圆柱形，有6～8个细胞串生；柄与冬孢子等长，基部膨大。

树莓花叶病

　　症状识别：全株或局部枝条发病，病叶皱缩，叶片淡黄绿色，结果很少。

　　病原诊断：病毒。

黑加仑斑枯病

症状识别：病斑小，褐色，近圆形至多角形，中央灰白色，生1~3个小黑点——分生孢子器。

病原诊断：*Septoria ribis* (Lib.) Desm.，茶藨子壳针孢。分生孢子器生叶两面病斑中央，散生。一个病斑上生分生孢子器1～3个，多数仅生1个。分生孢子圆柱形至线形，初期无隔或有1隔，后期3～6横隔。

茶藨子白粉病

症状识别：叶背面生白色菌丝体，后期白粉层消失，出现黄褐色至黑褐色小球——子囊壳。

病原诊断：*Phyllactinia ribesii* (Jacz.) Z. Y. Zhao，茶藨子球针壳。子囊壳球形，附属丝球针状，子囊壳内有多个子囊（10～15个/子囊）；子囊内含有子囊孢子2个，少数仅有1个。

枸杞白粉病

　　症状识别：在叶片两面初期显近圆形白色、粉堆状斑点，不断扩大和相互连接，布满全叶片，后期白粉层变稀疏，其中出现小黑点——子囊壳。

　　病原诊断：*Arthrocladiella mougeotii* (Lév.) Vassilk.，穆氏节丝壳。白粉层生叶两面。分生孢子椭圆形至长椭圆形，串生。子囊果散生，黑褐色，球形至扁球形；附属丝多生子囊壳的"赤道"带和上部，顶部2或3分叉；分枝节肢状；子囊壳内含子囊多个；子囊内有子囊孢子2个。

果树煤污病

症状识别：生一年生的枝条和叶片上，表面布满黑色烟煤状物，有时还可见黑霉中残留蚜虫的蜕皮。

病原诊断：*Fumago vagans* Pers.，烟霉菌。新疆的烟霉菌仅仅发现黑褐色菌丝和近球形的孢子。

水果腐烂

症状识别：水果采收后和储存、销售中果实常常发霉、腐烂，这是由于果实在生长后期或采收中，受到腐生菌侵染。常见的腐生菌有灰霉、绿霉、黑霉等。

病原诊断：草莓、石榴灰霉病是由*Botrytis cinerea* Pers.（灰葡萄孢）引起的；蟠桃黑斑病是由 *Alternaria* sp.（链格孢）引起的；蟠桃、桃绿霉病是由 *Penicillium* sp.（青霉菌）引起的；桃、李软腐病是由 *Rhizopus stolonifer* (Ehrenb. ex Fr.) Vuill.（匐枝根霉）引起的。

花 卉 病 害

蔷薇白粉病

　　症状识别：为害叶、叶柄、花萼、花梗和枝条。以叶片为例，病斑叶两面生，近圆形，白色，粉质，嫩叶皱缩，扭曲，发病严重时，全叶或全嫩枝，被白粉覆盖。后期，白粉层中埋生子囊壳。白粉层变灰白色，呈厚毡状。

　　病原诊断：*Sphaerotheca pannosa* (Wallr. : Fr.) Lév.，毡毛单囊壳。分生孢子椭圆形，串生；分生孢子梗圆柱形，有分隔；分生孢子中有纤维体颗粒。子囊壳近球形，附属丝短而稀少，褐色，子囊壳内仅含1个子囊，子囊内含子囊孢子8个。

蔷薇褐斑病

　　症状识别：为害叶片。病斑近圆形，黄色，皮层下有放射状菌索。有时病斑相互愈合成不规则大斑块。

　　病原诊断：*Marssonina rosae* (Lib.) Died.，蔷薇盘二孢。分生孢子盘生叶正面的病斑上。分生孢子双胞，两细胞大小不等，梨形，横隔处缢缩，有油滴。

蔷薇锈病

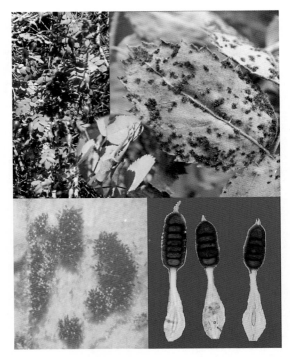

症状识别：为害叶、果实和萼片。叶部感病叶正面显小黄点。在病斑对应叶背面出现小黄疱，表皮破裂后，散露出黄粉，后期相继出现黑色粉堆——冬孢子堆。果实和萼片感病产生肿起的疱，疱上密生圆形黄褐色粉堆。

病原诊断：*Phragmidium tubeculatum* J.Muller，小瘤多胞锈菌。夏孢子堆生叶、花萼和果实上，为橘黄色粉堆。夏孢子近球形，有时相互挤压成

不规则球形，膜上密生小刺。夏孢子堆中有棍棒形侧丝。冬孢子堆黑褐色至黑色；冬孢子圆柱形或长椭圆形，由4～5（～7）个细胞组成，膜上有小瘤状突起，黑褐色，顶部生圆锥形细刺，柄长，基部膨大，无色。

蔷薇丛枝锈病

症状识别：为害枝条和叶。枝条感病部位肿大成纺锤形，病部丛生许多细小枝条，枝条上生出的叶片肥厚、扭曲畸形，感病叶片上生满冬孢子堆。

病原诊断：*Teloconia kamtschatkae* (Anders.) Hirat.。冬孢子堆生病枝条上生的叶片两面，黄褐色；冬孢子宽椭圆形，多数双胞，少数3个细胞，分隔处不缢缩，膜上生细小的疣。

腺齿蔷薇白粉病

　　症状识别：为害叶和叶柄。叶两面生白色粉斑，近圆形，扩展后病斑稍突起，严重时连成片。后期，白粉层消失，出现稀疏的小黑点——子囊壳。只为害野生的腺齿蔷薇。

　　病原诊断：*Medusosphaera rosae* Golovin et Gamal，蔷薇波丝壳。子囊壳单生或散生，球形至扁球形，附属丝两型，长附属丝生子囊壳的"赤道"带上，波浪状弯曲，顶端双叉式分枝4～6次；短棒状附属丝，表面粗糙，生于子囊壳上半部。子囊壳内含子囊7～26个，子囊内含子囊孢子6～8个。

凤仙花白粉病

　　症状识别：为害叶和茎。在叶两面出现大小不等的圆形病斑，粉质，逐渐扩大，并相互连成片；后期，白粉层消失，出现聚生的小黑点，有时布满全叶。

　　病原诊断：*Sphaerotheca balsaminae* (Wallr.) Kari.，凤仙花单囊壳。分生孢子椭圆形，串生；分生孢子梗圆柱形；分生孢子内含纤维体；子囊壳球形，附属丝丝状，基部褐色，弯曲，长，子囊壳内含子囊1个，子囊内有子囊孢子8（～6）个。

蜀葵白粉病

症状识别：为害叶，叶背面病斑较多。病斑白色，近圆形至多角形，菌丝层厚，埋生许多小黑点——子囊壳。

病原诊断：*Leveillula malvacearum* Golov.，锦葵科内丝白粉菌。初生分生孢子披针形，顶端渐尖，有小瘤；次生分生孢子圆柱形；子囊壳埋于菌丝体中，扁球形；附属丝短，稀少；子囊壳内含子囊18～23个；子囊内含子囊孢子2个，少数仅含1个。

蜀葵轮斑病

症状识别：为害叶和叶柄。病斑近圆形，逐渐沿主叶脉间扩大成不规则形，褐色至黑褐色，枯焦，破碎。

病原诊断：*Alternaria malvae* Roum. & Letell.，锦葵链格孢。分生孢子梗生病斑中部，圆柱形，曲膝状弯曲；分生孢子椭圆形至宽梭形，砖格状，有横隔3～5个，纵隔1条，短链生。

蒲公英锈病

　　症状识别：为害叶、叶柄和茎。初期病斑突起呈淡黄色小点，后表皮破裂露出黄褐色至黑褐色的粉堆。

　　病原诊断：*Puccinia hieracii* Rohl. H.Mart.，山柳菊柄锈菌。夏孢子堆近圆形，肉桂色，粉状；夏孢子近球形，肉桂褐色，膜上有刺。冬孢子堆栗褐色，近圆形至椭圆形，粉状；冬孢子双胞，椭圆形至宽椭圆形，两端圆形，分隔处稍缢缩或不缢缩，顶部不增厚，有细疣。

顶羽菊锈病

症状识别：为害叶和茎。初期病斑不明显，只显突起的褪色小疱，逐渐扩大，表皮破裂，露出深褐色或黑色的粉堆。

病原诊断：*Puccinia acroptili* Syd.，顶羽菊柄锈菌。孢子堆叶两面生，夏孢子堆近圆形，褐色；夏孢子单胞，球形，膜上密生小刺。冬孢子堆黑褐色至黑色，混生在夏孢子堆间，后期只有冬孢子堆；冬孢子双胞，椭圆形或卵形，分隔处稍缢缩或不缢缩，柄易断。

菊苣锈病

　　症状识别：为害叶和茎。无明显的病斑，叶上的孢子堆近圆形，茎上的孢子堆长椭圆形，黑褐色，粉状，有时为长条形。

　　病原诊断：*Puccinia cichorii* Belyneek，菊苣柄锈菌。夏孢子堆近圆形，小而密，深褐色，粉状；夏孢子椭圆形或卵形，膜上有刺。冬孢子堆黑褐色，粉状；冬孢子双胞，椭圆形或倒卵形，顶部圆形，不增厚，横隔以下渐尖。

小甘菊锈病

症状识别：为害叶和茎。不显病斑，只显露褐色的粉堆，孢子堆几乎占半个叶片或茎的一圈。小甘菊是新寄主。

病原诊断：*Puccinia lepidolophae* Tranz. et Erem.，小甘菊柄锈菌。只发现冬孢子阶段。冬孢子堆近圆形，黑褐色至黑色，粉状；冬孢子长椭圆形或倒卵形向下渐尖，顶部圆形或稍尖，双胞或单胞，分隔处不缢缩。暂从此名。

粉苞菊白粉病

症状识别：为害叶和茎。病斑近圆形，上覆稀疏的白粉状物，常连成大片，后期白粉层中生小黑点——子囊壳。

病原诊断：*Golovinomyces cichoracearum* (DC.) V.P.Heluta，菊苣高氏白粉菌。菌丝体外生；附着胞乳头状；分生孢子梗圆柱形；分生孢子椭圆形至圆柱形，表面粗糙。子囊壳扁球形；附属丝丝状，弯曲；子囊壳内含子囊8～12个，子囊内含子囊孢子2个，偶尔1个或3个。

虞美人白粉病

症状识别：为害叶、茎和花萼。感病部位，病斑不明显，初期只显近圆形、白色、粉质斑点，逐渐扩大，可遍及全叶或茎，后期白粉中出现淡黄色、黄褐色至深褐色的小球——子囊壳。

病原诊断：*Erysiphe maeleayae* R.Y. Zheng & G. Q. Chen，虞美人白粉菌。白色病斑是病原菌的外生菌丝体、分生孢子梗和分生孢子。分生孢子梗直立在菌丝体上；分生孢子椭圆形，串生。白粉层中的小黑点是子囊壳；子囊壳暗黑色，扁球形，附属丝丝状；子囊壳内含有子囊4～10个；子囊长椭圆形，有短柄；子囊内含子囊孢子4～6个，子囊孢子椭圆形至倒卵形。

石竹白粉病

　　症状识别：为害叶、茎和花及几乎地上所有绿色部分，致病株，全身洁白。

　　病原诊断：*Oidium dianthi* Jacz，石竹粉孢。分生孢子椭圆形，串生；分生孢子梗圆柱形。该菌常被白粉寄生孢*Ampelomyces*寄生。

葫芦白粉病

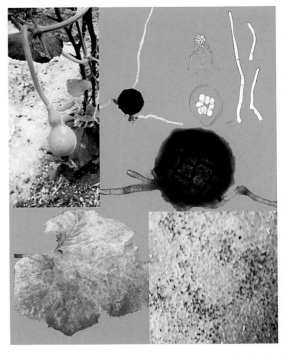

症状识别：为害叶、叶柄和蔓。病斑白色，近圆形，后扩展至全叶，白粉层中出现黄褐色至黑色小点。

病原诊断：*Sphaerotheca cucurbitae* (Jacz.) Z.Y. Zhao，葫芦单囊壳。分生孢子椭圆形，串生；分生孢子梗圆柱形；分生孢子内含纤维体。子囊壳球形；附属丝丝状，基部褐色，弯曲，长；子囊壳内含子囊1个；子囊内有子囊孢子(4～)6～8个。

旱金莲白粉病

　　症状识别：为害叶，叶背病斑较多。病斑白色，近圆形至多角形，菌丝层厚，毡状，埋生许多小黑点——子囊壳。

　　病原诊断：*Leveillula tropaeoli* (Berger.) Cif. & Camera，旱金莲内丝白粉菌。初生分生孢子披针形，顶端渐尖，有许多纵向排列的短条形皱纹；次生分生孢子圆柱形。子囊壳埋于菌丝体中，扁球形；附属丝短，稀少；子囊壳内含子囊多个；子囊内含子囊孢子2个。

旱金莲丛枝病

　　症状识别：病枝上丛生许多细小的枝条，节间短，病枝密集，病叶呈黄绿镶嵌的花叶或黄化。

　　病原诊断：Phytoplasma，初步诊断为植原体，有待进一步研究。

旱金莲花叶病

　　症状识别：病叶不变形，仅变成黄绿镶嵌的花叶，病花畸形。

　　病原诊断：接种试验，初步诊断为病毒，有待电镜诊断。

金盏菊白粉病

    症状识别：为害叶、叶柄和花萼。病斑白色，近圆形，后扩展至全叶，白粉层中出现黄褐色至黑色小点。

    病原诊断：*Sphaerotheca fusca* (Fr.: Fr.) Blumer，棕丝单囊壳。分生孢子椭圆形，串生；分生孢子梗圆柱形；分生孢子内含纤维体。子囊壳球形；附属丝丝状，基部褐色，弯曲，长；子囊壳内含子囊1个；子囊内有子囊孢子6～8个。

紫菀白粉病

　　症状识别：初期无明显的病变斑点，在叶片两面和嫩茎上出现近圆形，白粉状斑块，逐渐白粉层扩大，或相互联合，遍及全叶面。

　　病原诊断：*Oidium asteris-punicei* Peck.，紫菀粉孢。白粉层是病原菌的外生菌丝体、分生孢子梗和分生孢子。分生孢子梗圆柱形，直立在菌丝体上；附着胞乳头状；分生孢子串生，椭圆形至圆柱形，表面粗糙。

红蓼白粉病

　　症状识别：为害叶两面，初期形成近圆形白色粉质病斑，后逐渐扩大，蔓延到全叶片，在生长后期，白粉层中显聚生的小黑点。

　　病原诊断：*Erysiphe polygoni* DC.，蓼白粉菌。分生孢子长椭圆形至圆柱形，串生。子囊壳近球形；附属丝丝状，粗细不匀；子囊壳内有子囊4～8个；子囊内含子囊孢子2～4个。

赤芍白粉病

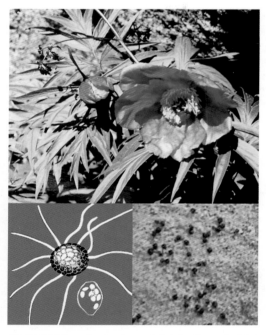

症状识别：为害叶、叶柄和茎。病斑白色，近圆形，后扩展至全叶片，白粉层中出现黄褐色至黑色小点。

病原诊断：*Sphaerotheca paeoniae* Z.Y.Zhao，赤芍单囊壳。分生孢子椭圆形，串生；分生孢子梗圆柱形；分生孢子内含纤维体。子囊壳球形；附属丝丝状，基部褐色，稍僵直；子囊壳内含子囊1个（偶尔发现含2个子囊）；子囊内有子囊孢子8个。

赤芍锈病

　　症状识别：为害叶。病斑多角形，褪色，叶背面显淡黄色小圆点——夏孢子堆，后叶背面病斑上现黄褐色至黑色的小点——冬孢子堆。

　　病原诊断：*Cronartium flaccidium* (Alb. et Schw.) Wint.，芍药柱锈菌。夏孢子卵圆形至椭圆形，膜上生小刺。冬孢子堆圆柱形，由许多上下相连侧面相接的冬孢子形成；冬孢子单胞，椭圆形至圆柱形。

赤芍斑枯病

症状识别：为害叶片。病斑近圆形，褐色，中部灰白色，边缘深褐色，上生许多小黑点。

病原诊断：*Septoria martianoffiana* Thuem.，赤芍壳针孢。分生孢子器生病斑中部，散生，埋生，孔口短乳突状；分生孢子长纺锤形，弯曲，末端钝圆，1～2横隔。

榆叶梅穿孔病

症状识别：主要为害叶片，在叶片两面生近圆形至不规则形病斑。病斑紫褐色、黑褐色和褐色，边缘有黄绿色的晕圈，后病斑干枯，脱落成孔。

病原诊断：*Xanthomonas campestris* pv. *pruni* (Smith) Dye，桃叶穿孔病黄单胞杆菌。革兰氏阴性；菌体杆状，两端钝圆，单极生1～2根鞭毛。

牡丹黑斑病

　　症状识别：为害叶和叶柄。病斑沿主脉间扩大成不规则斑块，褐色，中部近黑褐色，后枯焦，破碎。

　　病原诊断：*Alternaria* sp.，链格孢。分生孢子梗生病斑中部，圆柱形曲膝状，弯曲；分生孢子椭圆形至宽梭形，砖格状，有横隔4～8个，纵隔0～1条，短链生。

地肤白粉病

症状识别：为害叶和茎。病部生厚厚的毡状白粉，后期白粉层中埋生扁球形的子囊壳。

病原诊断：*Leveillula chenopodiacearum* Golov.，藜科内丝白粉菌。白粉层由外生菌丝体和从气孔生出的分生孢子梗和分生孢子组成。初生分生孢子长椭圆形至圆柱形，次生分生孢子圆柱形，分生孢子梗长圆柱形，子囊壳埋在菌丝体中，附属丝短而稀少，子囊壳内含子囊多个，子囊内含子囊孢子2个。

三叶草白粉病

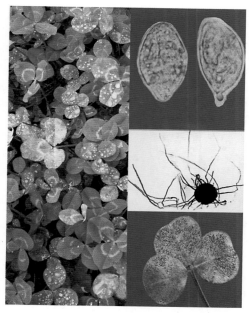

症状识别：为害叶和叶柄。病斑生叶两面，开始为白色近圆形的小斑，逐渐扩大，并相互联合，覆盖全叶，后期白粉层中生黄褐色至黑色小点——子囊壳。

病原诊断：*Erysiphe trifolii* Grev.，车轴草白粉菌。分生孢子梗生外生菌丝上，圆柱形；附着胞裂瓣状；分生孢子单顶生，琵琶桶形或圆柱形。子囊壳扁球形，附属丝丝状，偶尔上部 1 ～ 2 次双叉式分枝；子囊果内含子囊 5 ～ 14 个，子囊内含子囊孢子 2 ～ 6 个。

三叶草锈病

  症状识别：病斑生叶和叶柄上，无病斑，只显孢子堆。孢子堆褐色，近圆形，常相互联合。

  病原诊断：*Uromyces trifolii* (Hedwig ex de Candolle) Fuckel，车轴草单胞锈菌。冬孢子堆生叶两面和叶柄上，只显突起的孢子堆。孢子堆粉状，栗褐色至黑褐色；冬孢子椭圆形、倒卵形，两端钝圆或基部变窄，有排列成行的小疣。文献记载车轴草上有6种单胞锈菌，其中一个种 *U. nerviphilus* (Grog.) Hotson，病斑组织肿大。

鸢尾锈病

  症状识别：为害叶两面，沿叶脉形成一段段长条形斑点，多个孢子堆连成线形条斑初期表皮不开裂，后期裂开一条小缝，围绕孢子堆周围。

  病原诊断：*Puccinia iridis* Wallroth，鸢尾柄锈菌。孢子堆沿叶脉形成相连的线形条斑，夏孢子堆圆形或矩圆形，为坚实粉堆；夏孢子椭圆形或棍棒形。冬孢子堆长矩形，黑色；冬孢子双胞，椭圆形或棍棒形，顶端圆、平截或锥形，加厚。

大丽菊黑斑病

　　症状识别：为害叶片，偶见叶柄感病。病斑近圆形，褐色，生叶缘的病斑多半圆形，褐色边缘有黄色晕圈，潮湿的天气或灌溉之后，病斑上生黑褐色的霉层。

　　病原诊断：*Alternaria polytricha* E.G.(Cooke) Simmons，多毛链格孢。病斑上的霉层是分生孢子梗和分生孢子。分生孢子长梨形，喙短，有横隔3～5个，纵隔1个。

糙苏锈病

症状识别：无明显的病斑，叶背面孢子堆较多，性孢子器和锈孢子器阶段在叶背面产生褐色的孢子器，冬孢子阶段在叶正面散生许多深褐色的孢子堆。

病原诊断：*Puccinia phlomidis* Thumen，糙苏柄锈菌。性孢子器生于叶两面，主要在叶背面。锈孢子器和性孢子器一样，密集，常遍及全叶，黄色，杯形；锈孢子近球形或近多角形，壁厚，淡黄色，有细疣。冬孢子堆生叶正面，散生至聚生，圆形或不规则形，栗褐色，粉状；冬孢子椭圆形或宽椭圆形、倒卵形，两端钝圆，隔膜处缢缩或不缢缩；柄无色，短，易断。

糙苏白粉病

　　症状识别：为害叶片两面、茎和花萼。初期病斑上覆白色粉状物，散布叶两面，后连成大片，后白粉层中生黑色小点。

　　病原诊断：*Neoerysiphe galeopsidis* (DC.) U.Braun，鼬瓣花新白粉菌。分生孢子梗圆柱形，附着胞裂瓣状；分生孢子琵琶桶形或圆柱形，串生。子囊壳黑褐色，扁球形；附属丝丝状，弯曲，基部褐色；子囊果内含子囊7～15个。

补血草白粉病

症状识别：为害叶、茎和花梗等，形成大小不等的粉质白斑，后期连成大片，白粉层中出现散生的小点，褐色至黑褐色——子囊壳。

病原诊断：*Erysiphe limonii* Junell，补血草白粉菌。白粉层由菌丝体、分生孢子梗和分生孢子组成。子囊壳扁球形，附属丝生子囊壳下部，丝状，弯曲，有隔；子囊壳内含子囊多个，子囊内有子囊孢子4～6个。

补血草叶斑病

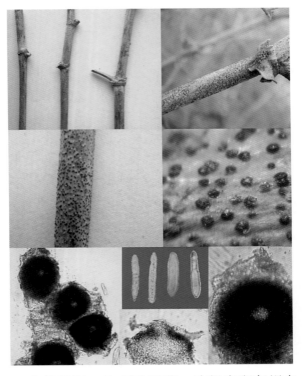

症状识别：为害叶和茎。叶部病斑灰褐色，椭圆形，茎部病斑不规则形，一段段变色枯死，散生小突起。

病原诊断：*Ascochyta staticis* Nagornyi，补血草壳二孢。分生孢子器埋生，球形至扁球形，具乳头状突起；分生孢子单细胞，棍棒形、圆柱形至长梭形。

补血草锈病

症状识别：在绿色的枝条周围生淡黄色至黑褐色、疱状斑点，后表皮破裂，露出粉堆。

病原诊断：*Uromyces limonii* (de Candolle) Leveille，补血草单胞锈菌。夏孢子堆黄褐色；夏孢子近球形至椭圆形，膜上密生小刺。冬孢子堆黑褐色，垫状；冬孢子近球形至倒卵形，顶部椭圆形至略平，向下逐渐变窄。

独尾草锈病

症状识别：为害叶和茎。性孢子器聚生，蜜黄色。病斑边缘有黄色晕圈。锈孢子器排列成梭形斑。夏孢子堆和冬孢子堆混生于一个病斑上，孢子堆梭形、椭圆形，有时连成大斑，孢子堆黑褐色。

病原诊断：*Puccinia eremuri* Kom.，独尾草柄锈菌。性孢子器生叶和茎上，多与冬孢子堆混在一起，近球形或扁球形，蜜黄色，孔口处有数根受精丝；性孢子单胞，无色。锈孢子器生叶正面，聚生或群生，短柱状，浅黄色；锈孢子椭圆形或近球形，表面光滑，或有小疣。冬孢子堆生叶和茎上，黑褐色；冬孢子卵形，矩圆形或椭圆形，顶端圆形，基部圆形或渐尖，分隔处稍缢缩，表面有小疣，排列成条形纹。

骆驼刺斑枯病

  症状识别：为害叶和茎。叶部病斑椭圆形、半圆形（生叶缘），红褐色，有点，具轮纹。茎上和刺上的病斑褐色至灰褐色，密生许多小黑点——分生孢子器。

  病原诊断：*Septoria alhagiae* Ahmad，骆驼刺壳针孢。分生孢子器半埋生，球形或扁球形，孔口外露，孔口短乳头形，分生孢子线形，直或稍弯，有1～2隔。

骆驼刺白粉病

　　症状识别：为害叶、嫩枝和花序。病斑肿大，被害部位变形，覆盖菌丝体和黑色子囊果。

　　病原诊断：*Trichocldia alhagi* Golovin，骆驼刺束丝壳。附着胞裂瓣形，分生孢子梗圆柱形，分生孢子单顶生，琵琶桶形或圆柱形，表面粗糙；子囊壳扁球形，附属丝长而柔软，集合成束，顶部2～3次双分叉；子囊果内含子囊多个，子囊内含子囊孢子4～6个。

田旋花黑斑病

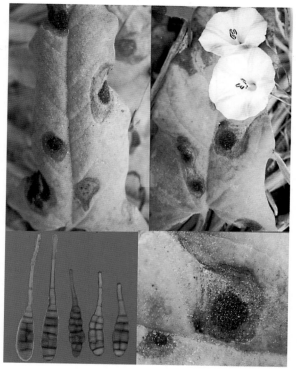

症状识别：为害叶。病斑近圆形、椭圆形至不规则形，黑色，边缘深褐色，有时有同心环纹，中央色深，有霉层。

病原诊断：*Alternaria alternate* (Fr.:Fr.) Keissler，链格孢。分生孢子梗单生或簇生，短圆柱形，上部曲折，有孢痕；分生孢子倒棍棒形，有长短不等的嘴胞，有横隔5～7个，纵隔1～3个。

田旋花白粉病

症状识别：为害叶、叶柄和茎，初期形成圆形至不规则形的病斑，病斑上覆白粉，以后可遍及全叶，后期在白粉层中生一丛丛的黄色至黑褐色小点——子囊果。

病原诊断：*Erysiphe convolvuli* DC.，旋花白粉菌。白粉层展生，分生孢子梗圆柱形，附着胞裂瓣形，单生分生孢子，琵琶桶形，粗糙；子囊果暗褐色，扁球形；附属丝丝状，常分叉；子囊果内含子囊4～11个，子囊内含子囊孢子2个。

田旋花斑枯病

　　症状识别：为害叶。病斑圆形，褐色，后期中部灰白色，边缘暗褐色，具轮纹，上生小黑点——分生孢子器。

　　病原诊断：*Septoria convolvuli* Desm.，旋花壳针孢。分生孢子器生叶正面，散生或聚生，初埋生，后孔口外露；分生孢子针状，基部钝圆，顶端尖，无色，直或稍弯，有1～6横隔，多3～6隔。

郁金香锈病

症状识别：为害叶片，叶背面病斑较多。病斑近梭形至椭圆形，边缘淡绿色，比健康叶片颜色较浅；病斑中部生暗褐色至黑褐色小点，一个个大小整齐，排列紧密，病斑边缘为一圈黄褐色突起。

病原诊断：*Puccinia tulipae* Schroet.，郁金香柄锈菌。病斑中部为黑褐色的冬孢子堆。冬孢子宽椭圆形至矩圆形，两末端圆形，分隔处稍缢缩。

园林树木病害

杨树褐斑病

症状识别：为害幼苗和大树。病斑近圆形，褐色，逐渐扩大，直径达 1 cm 或更大，有时病斑相互愈合成不规则大斑，后期病斑中部褪色，并出现深褐色的圆点，这是分生孢子盘。

病原诊断：*Marssonina populi* (Libert.) Magn.，杨盘二孢。分生孢子盘生叶正面的病斑上。分生孢子双胞，两细胞大小不等，梨形，横隔处缢缩，有油滴。 杨树上还有另一种病原菌是杨树生盘二孢。*Marssonina populicola* Miura. 也引起褐斑病。

杨树斑枯病

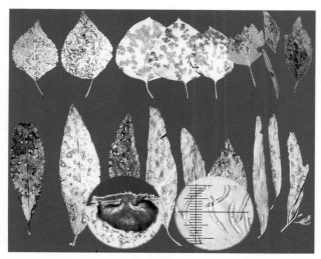

　　症状识别：在叶两面初期生灰色的小斑点，逐渐扩大。病斑多角形，边缘褐色中央灰白色，并有许多黑色小点——分生孢子器。病斑常相互合并成大斑。

　　病原诊断：为害杨树的是壳二孢属（*Septoria*）的两个种：为害胡杨、灰杨、箭杆杨的是 *Septoria populi* Desm.，杨壳针孢；为害青杨派的蜜叶杨、柔毛杨的是 *Septoria populicola* Peck.，杨生壳针孢。它们的主要区别是杨壳针孢的分生孢子双细胞，短粗，腊肠形；杨生壳针孢的分生孢子 2～4 个细胞，细而长。在天山林区蜜叶杨上还有一种病原菌天山壳针孢（*Septoria tianschanica* Kravtz.）也引起斑枯病。

杨树叶纹斑病（轮斑病）

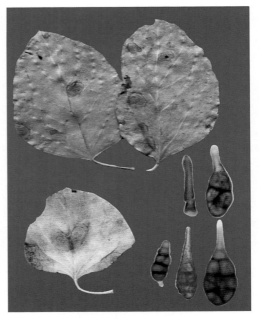

　　症状识别：杨树感病后形成褐色、近圆形同心轮纹状斑点，病斑常相互愈合成大斑，林内湿度大时病斑上长出黑霉；各种杨树由于叶片角质层厚度不同，发病进程有差异，霉层稀疏、厚密不同。

　　病原诊断：*Alternaria tenuissima* (Fr.) Willtsh.，极细链格孢。分生孢子梗丛生在病斑上，孢子梗上部屈膝状弯曲，孔出孢子；分生孢子多细胞，砖格形，顶端有喙。

银白杨锈病

症状识别：为害叶、叶柄和嫩枝。初期形成淡黄色斑点，逐渐变为橙红色，病斑中央出现乳黄色小突起，表皮破裂，散出黄粉。发病严重时形成大斑和粉堆。越冬芽感病后，发出的新芽被一层黄色的夏孢子堆覆盖，酷似一朵朵黄花。

病原诊断：*Melampsora rostrupii* Wagn，银白杨栅锈菌。夏孢子堆生叶两面、叶柄和嫩枝上，由于叶背、叶柄和嫩枝有绒毛，不见病斑只见黄粉。夏孢子椭圆形、圆形或近圆形，淡黄色，膜厚，无色，有小刺，侧丝顶端头状膨大，无色，光滑。冬孢子堆生夏孢子堆周围的角质层下，暗红色，蜡质状。冬孢子长椭圆形，两端钝圆，成栅栏状排列。

形成杨树锈病的侵染循环只要有夏孢子阶段就可完成。夏孢子在芽内越冬。

杨树白粉病

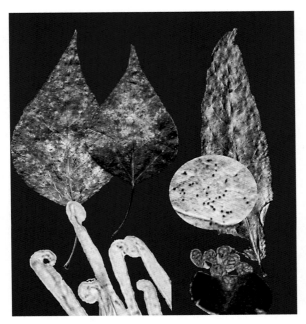

症状识别：病叶两面初期显褪绿色圆斑，后病斑上出现白色菌丝层，并逐渐加厚，至初秋，白粉层中出现黑色小点——病菌的子囊壳。

病原诊断：病原菌有 3 种，即 *Phyllactinia populi* Y.N.Yu，杨球针壳；*Uncinula adunca* (Wallr.) Lév.，柳钩丝壳；*Uncinula tenuitunicata* Zheng et Chen，杨薄囊钩丝壳。

Phyllactinia populi Y.N.Yu 杨球针壳：菌落叶背生；子囊壳散生，球形，暗褐色；附属丝两种，长

附属丝球针状，短附属丝帚状；子囊长椭圆形，子囊孢子2个。这个种是余永年研究员定的新种。

Uncinula adunca (Wallr.) Lév.，柳钩丝壳：菌落叶两面生；子囊壳聚生，球形至扁球形；附属丝很多，顶端稍弯曲；子囊长椭圆形，内有子囊孢子3～6个。

Uncinula tenuitunicata Zheng et Chen，杨薄囊钩丝壳：仅在乌鲁木齐四宫苗圃发现。附属丝钩状，子囊壁薄，容易碎。这个种是郑儒永院士定名的新种。

青杨锈病（密叶杨）

　　症状识别：菌落叶背面生；夏孢子堆橙黄色，较小，散生；冬孢子堆生夏孢子堆附近或四周，蜡质状，橙红色。

　　病原诊断：*Melampsora allii-popul-ina* Kleb.，葱杨栅锈菌。夏孢子堆叶背生，散生，小粉堆状，深橙黄色；夏孢子长椭圆形，膜厚，有小瘤；侧丝棒状，顶端膨大，无色。冬孢子堆橙红色，至黑褐色；冬孢子圆柱形，单细胞，左右栅栏状排列。转主寄主是葱属植物。

胡杨锈病

症状识别：为害叶、叶柄和嫩枝。叶片两面显淡黄色小圆斑，逐渐扩大，中央变褐色至橘褐色，表皮破裂后，出现夏孢子堆，病斑四周有黄色晕圈。越冬芽感病，萌发出的嫩枝短粗，叶皱缩，上面覆满一层黄粉。

病原诊断：*Melampsora pruinosea* Tranr，粉被栅锈菌。夏孢子堆叶背生，橙黄色；夏孢子球形、卵圆形，橙黄色，膜厚，密生小瘤，侧丝顶端头状膨大。冬孢子堆叶两面生，蜡质状，深褐色；冬孢子圆柱形，左右排成栅栏状。

杨树烂皮病

　　症状识别：为害杨树的枝干皮层。发病初期，表皮出现不规则的隆起，用手压，肿块较软，剥开病皮，有酒精味，病皮失水后，干缩下陷，剥开皮层，可见形成层腐烂，相对应的木质部变褐色，病斑不断向外扩展，病皮上出现许多黑色突起的小点，这是病原菌的分生孢子座，遇雨或浇水之后，分生孢子座顶部出现乳白色的分泌物，

干燥后变橘黄色，这是孢子角。小枝生病不显斑点，很快干枯，出现小黑点。

病原诊断：*Cytospora chrysosperma* (Pers.) Fr.，金黄壳囊孢。有性阶段是 *Valsa sordida* Nits.，污黑腐皮壳。病菌是弱寄生菌，常生活于树皮外面的落皮层中。分生孢子座黑褐色，一孔多腔，产孢子很多；分生孢子腊肠形，单细胞。有性阶段不常见。在山区杨树上还有另一种病原菌雪白壳囊孢 [*Cytospora nivea* (Hoff.) Sacc.]，它的有性阶段是 *Valsa nivea* (Hoff.: Fr.) Hohn.，在奇台山区林场采到。

黑杨（箭杆杨）锈病

症状识别：菌落叶背生，弥生小的夏孢子堆，有时病斑连成片，但是冬孢子堆较少连成一片。病叶脱落后在夏孢子堆附近出现蜡质状橙红色斑块——冬孢子堆。

病原诊断：*Melamnsora larici-populina* Kleb.，落叶松－杨栅锈菌。夏孢子堆叶背生，小；夏孢子长椭圆形，膜厚，密生小瘤。冬孢子圆柱形，单胞，栅栏状排列。锈孢子器生落叶松叶上。天山林区，5月份可采到。

杨树破肚子病

　　症状识别：树干面向西南方向的干基部树皮纵向开裂，树干随着树龄的增长加粗，露出年轮状的木质部。

　　病原诊断：冻害。幼树定植后，树干未采取保护措施；树种选择不当，不抗寒。

柳树褐斑病

　　症状识别：由于病原菌种不同或同一种病原菌在不同柳树品种上症状则不同，主要有两大类：一类是在叶正面或两面形成近圆形褐色病斑，病斑中央散生许多小深色斑点——分生孢子盘；另一类症状是不显病斑，只有一个个褐色至锈褐色小斑点，这也是分生孢子盘。

　　病原诊断：新疆已知有三种病原，同属于盘二孢属（*Marssonina*）。即 *Marssonina kriegeriana* (Bres.) Magn.；*Marssonina salicigena* (Bub. et Vleug) Nannf，柳树盘二孢；*Marssonina dispersa* Nannf，广布盘二孢。

柳树斑枯病

　　症状识别：病斑近圆形至多角形，淡褐色，边缘深褐色，中部色淡或灰白色，散生几个小黑点——分生孢子器。发病严重时，叶片上布满病斑。另一种症状是病斑受到主叶脉的限制呈多角形，褐色至深褐色，相互连成片，叶背面的病斑上散生许多小黑点——分生孢子器（寄主灰毛柳）。

　　病原诊断：*Septoria albaniensis* Thuem.，近白壳针孢。分生孢子器叶背面生，球形至扁球形，埋生至半埋生，孔口突出叶表皮；分生孢子细腊肠形，多数只有 1 个横隔，生孢子的中部，稍弯曲，个别扭曲。在新疆林业科学院发表的《新疆森林病害区系调查研究成果集》中，把柳树斑枯病病原菌定为 *Septoria salicicola* (Fr.) Sacc.有待查证。

柳树白粉病

症状识别：为害叶、叶柄和嫩枝，首先出现褪绿色的小点，逐渐扩大，病斑上出现白色霉层——菌丝体、分生孢子梗和分生孢子，以后白霉层逐渐加厚和扩大，可盖满整个叶片和局部绿色组织。到秋季白粉层中出现小黑点——子囊壳。

病原诊断：*Uncinula adunca* (Wallr.) Lév.，钩状钩丝壳。菌落叶两面生，叶正面较多，菌丝体留存。子囊壳聚生，少数呈放射状排列，球形至扁球

形，褐色至黑褐色；附属丝顶端钩状弯曲，附属丝多达几十根甚至上百根；子囊壳内有多个子囊。

在伊犁林区青冈柳上还有一种有斯氏叉丝单囊壳（*Podosphaera schlechtenidalii* Lév.）引起的白粉病，这个病原菌在我国仅在新疆发现。子囊壳内只有 1 个子囊，附属丝束生长于子囊壳顶部，附属丝顶端双叉式分支。

白柳锈病

症状识别：叶片两面生出许多小淡黄色的病斑，很快病斑上长出黄色至橘黄色小疱，小疱破裂后，散出橘黄色的粉——夏孢子堆和夏孢子，入秋后，在夏孢子堆附近长出红褐色的蜡质状的块斑——冬孢子堆和冬孢子。

病原诊断：*Melampsora allii-saliei* albae Kleb.，葱－白柳栅锈菌。转主寄主是葱属植物。菌落叶两面生。夏孢子堆小疱状，黄色至橘黄色，破裂后散出夏孢子；夏孢子球形至椭圆形，壁厚，生许多小疣，夏孢子堆中含有单胞、无色、顶部头状膨大的侧丝，冬孢子单胞，圆柱形至长椭圆形，栅栏状排列成一层。

柳树锈病

症状识别：叶两面生大小不等的黄粉堆。

病原诊断：*Melampsora salieina* Lév.，柳栅锈菌。夏孢子堆叶两面生，夏孢子椭圆形，壁厚，有分布均匀的圆锥形小疣。

柳树腐烂病

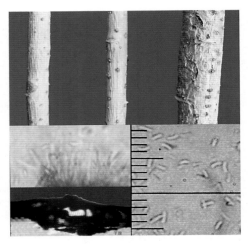

症状识别：主要发生在主干、大小枝条上，在光滑树皮的枝干上，有时显椭圆形斑点，水渍状，稍隆起，后失水下陷，树皮上出现散生的小黑点，顶部突出表皮；粗皮枝干，或者干旱、冻害之后，不显病斑，粗皮裂缝处出现小黑点——分生孢子座和橘红色的粗细不等丝——分生孢子角。

病原诊断：*Cytospora salicis*（Corde）Robenh.，柳壳囊孢。子座生病部角质层下面，比较大，黑褐色，有时达1mm，圆锥形，一孔多室（3～8）。分生孢子单胞，腊肠形，无色，溢出孔口后，形成弯曲的丝状孢子角。

有性阶段是 *Valsa salicina*（Pers. ex Fr.）Fr.，柳上黑腐皮壳。属子囊菌门。平原地区很少发生。

山楂锈病

症状识别：为害叶、叶柄、果实和果柄，在叶上形成近圆形斑点，橙黄色至淡红黄色，边缘颜色较深，以后病斑中部生许多针头大小的突起——性孢子器，潮湿天气下病斑溢出淡黄色黏液——性孢子，后病斑叶背面隆起叶正面凹陷，在叶背面隆起部位生出灰黄色僵直的毛状物，一个病斑上生5～10个不等，管状物顶端破裂，散出黄粉——锈孢子，果柄受害后病部肿粗，也生毛状物。果实生病，表面长满毛状物。

病原诊断：*Gyrnnosporangiurn confusus* Plow.，困惑胶锈菌。性孢子器和性孢子、锈孢子器和锈孢子生山楂上，冬孢子堆和冬孢子生新疆圆柏枝条上的纺锤形瘤上。性孢子器生山楂叶正面的病斑上。性孢子近圆形，混杂于蜜液中；性孢子器毛状或管状，长1～5 mm，黄色至灰黄色。锈孢子近圆形至不规则多角形，膜厚，无色，生小疣。转主寄主是新疆圆柏。

山楂白粉病

症状识别：叶背面生白色粉状的斑块，有时连成大片，秋后白粉消失，显黑色小球——子囊壳。

病原诊断：*Phyllactinia pyri* (Cast.) Y.Homma，梨球针壳。子囊壳内有多个子囊，附属丝子囊壳赤道带生，针状，基部有膨大的球。

另一种山楂白粉病是叉丝单囊壳属的 *Podosphaera tridactyla* (Wallr.) de Bary（三指叉丝

单囊壳）引起的，为害叶片和嫩枝条，病部盖满一层厚厚的毡状的菌丝层，子囊壳埋在菌丝体中。子囊壳内仅有一个子囊，附属丝叉丝状。

山楂斑枯病

症状识别：病斑多角形至近圆形，灰褐色，后中央灰色，外缘黑褐色。

病原诊断：*Septoria crataegi* Kickx，山楂壳针孢。分生孢子器散生，埋在角质层下，球形至近球形，黑褐色。分生孢子线形，稍弯曲，无明显的横隔。

山楂叶斑病

症状识别：病斑不规则形，受叶脉的限制，灰褐色至暗褐色，叶正面有较小的突起——分生孢子器。

病原诊断：*Phyllosticta rnichailowskoensis* Flenk et Onl，米氏叶点霉。分生孢子器散生在叶正面的病斑上，黑褐色，球形，埋于角质层下面；分生孢子短圆柱形至短棒形，两端较尖。

山楂上报道叶点霉属病菌还有两个种，一个生落叶上，*Phyllosticta monogyna* Allesch.，另外一个是*Phyllosticta crataegicola* Sacc.。

山楂落叶病

症状识别：病叶上无明显的斑点，褪绿至淡黄色，干枯脱落，上生宽椭圆形黑色盾壳。

病原诊断：*Lophodermium hysterioidis* (Schleich.) Rehm.，缝状散斑壳。子囊果叶正面生，扁半球形（盾壳形），黑色至漆黑色，纵裂。子囊宽棍棒形，子囊孢子线形。

花楸锈病

症状识别：叶片正面显近圆形病斑，橙黄色，边缘有黄色边缘，内部稍稍隆起，并生黑色小点——性孢子器，病斑的叶背面黄色突起很高，上生毛状物——锈孢子器。

病原诊断: *Gymnosporangium cornutum* Arth. ex Kern.，杜松胶锈菌。过去我们曾定名*Gymnosporangium juniperi* Link.，性孢子器和锈孢子器阶段生天山花楸上，冬孢子堆阶段生新疆圆柏枝条上。性孢子器生叶正面病斑中央，散生，扁圆锥形至扁圆形，黄褐色。锈孢子器生叶背面病斑上，稍僵直，长可达10mm，灰褐色；锈孢子球形至椭圆形，膜上密生小疣。冬孢子堆生新疆圆柏的枝条上，形成纺锤形瘤。

花楸上还有另一种胶锈菌（*Gymnosporangium turkestanicum* Tranz.）引起的锈病，在花楸上症状一致，但在细节圆柏枝条上形成的瘤不同，是由许多小瘤集合成一个大瘤。

花楸白粉病

症状识别：叶片背面生白色粉状斑点，近圆形，以后白粉消失，长出许多褐色至黑色小点——子囊壳。

病原诊断：*Podosphaera aucupariae* Erikss.，花楸叉丝单囊壳。菌丝体生叶、叶柄上，白粉层稀薄，消失。子囊壳多叶背生，暗褐色，近球形；附属丝生子囊壳的赤道带，3～6根，有隔，顶部双叉式分支3～5次；子囊壳内有1个子囊，子囊内有子囊孢子8个，子囊孢子椭圆形。

花楸叶斑病

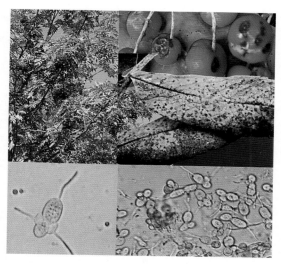

症状识别：叶部病斑近圆形，很小，褐色或深褐色，有时相互愈合，布满全叶。果实病斑较大，黑褐色，有时一个病斑可占果实面积的1/3，病斑上散生1至多个小黑点，这是分生孢子盘。

病原诊断：*Entomosporium maculatum* Lév.，斑点虫盘孢。分生孢子盘生叶正面和果实的病斑上；分生孢子梗圆柱形，不分枝；分生孢子两种形态，一种大型孢子，由4个细胞上下左右排列上下排列的细胞较大，多近椭圆形，在它们上下结合部左右各有2个小的椭圆形或圆形小细胞，上面的3个细胞各生一根刚毛；另一种分生孢子为小圆柱形，单细胞。

花楸黑星病

症状识别：病斑不规则圆形，直径3～6毫米，褐色，中央往往生长一层黑绿色的霉层，病斑常连成大块斑。

病原诊断：*Fusicladium orbiculatum* (Desm.) Thum.，圆形黑星孢。有性阶段是 *Venturia inaequalis* Aderh.var. *cinerascens* (Fuck.) Aderh.，苹果黑星菌灰色变种。分生孢子梗有隔，直立，橄榄褐色，簇生。分生孢子单细胞，个别有1隔，梨形至长梨形，浅橄榄绿色。

花楸腐烂病

　　症状识别：为害叶和枝条，枝条上无病斑，只显皮层圆锥形突起。

　　病原诊断：*Cytospora microspora* (Corda) Reben.，小孢壳囊孢。子座圆锥形，孔口不规则，稍突起，多腔。分生孢子腊肠形。

白蜡斑枯病

症状识别：病斑生叶和果翅上，初期小、圆形，褐色，后期病斑相互愈合成不规则形，灰褐色，边缘深褐色，上有黑色小点——分生孢子器。

病原诊断：*Septoria fraxini* Desm.，白蜡壳针孢。分生孢子器叶两面生，散生，球形，外露。分生孢子线形至圆柱形，稍弯曲，无隔，少数有1～3隔。

白蜡花叶病

　　症状识别：病叶皱缩，变形，扭曲，黄绿相间，形成花叶。

　　病原诊断：病毒，TMV。

榆树白粉病

症状识别：病叶两面生白色粉状斑点，白粉层逐渐扩大，白粉层加厚，生长后期，白粉层消失，出现许多褐色至黑褐色小点——子囊壳。

病原诊断：*Uncinula kenjiana* Homma，反卷钩丝壳。菌丝体叶两面生，消失，子囊壳聚生至散生，附属丝9～16根，顶端钩状部分突然加粗从内向外卷曲1.5～2圈，子囊壳内有子囊3～5个，子囊内有子囊孢子2个。

榆树轮斑病

　　症状识别：病斑在主脉之间形成近圆形褐色病斑，具轮纹，在潮湿的环境下，病斑上生灰绿色至暗褐色霉层。

　　病原诊断：*Alternaria alternata* (Fr.) Keissl.，链格孢。分生孢子梗不分枝或分枝，直立，内壁芽生分生孢子，分生孢子长梨形至棍棒形，有横隔1～7个，纵隔1～3个，褐色，链生。

榆树黑斑病

　　症状识别： 在榆树叶上突起的斑块，垫状，表面平滑——子座。

　　病原诊断： *Platychora ulmi*（Schleich.：Fr.）Petrak.，榆宽痣腔菌。子座正面生，黑色，垫状，聚生，直径1～3 mm，内含许多子囊腔。子囊腔球形或扁球形，具乳头状突起。子囊圆筒形，双层壁，内含子囊孢子8个。子囊孢子卵圆形，1隔位于孢子的中下端，无色。

榆树腐烂病

　　症状识别：枝条干枯，在树皮上先呈黑色扁平小突起，有时大枝出现椭圆形枯死斑，后皮层下陷，树皮上生小黑点——子座。

　　病原诊断：*Cytospora ambiens* Sacc.，迂回壳囊孢。有性阶段是 *Valsa ambiens* Pers. : Fr.，迂回黑腐皮壳（属子囊菌门）。子座散生在病皮中，黑褐色，短锥形，孔口外露，一孔多室（腔）。分生孢子梗灌丛状，单胞，腊肠形。

榆树丛枝病

症状识别：局部枝条丛生，细而节间短，叶片较小、黄化。

病原诊断：Phytoplasma植原体（过去叫MLO类菌质体）。

棕毛槐白粉病

　　症状识别：病斑近圆形至不规则形，淡灰黑色至暗灰黑色，有的病斑表面覆盖一层白粉。

　　病原诊断：*Erysiphe robiniae* Grev.，刺槐白粉菌。菌落生在叶两面，分生孢子圆柱形；子囊壳聚生，暗褐色，近球形，附属丝丝状，内有子囊5～10个；子囊宽椭圆形至近圆形，短柄，内含子囊孢子6～8个；子囊孢子椭圆形，略带淡黄色。

槐树烂皮病

症状识别：枝干上有时不显病斑，枯死后大量生褐色至黑色扁平的突起——子座。

病原诊断：*Cytospora sophorae* Bres.，槐壳囊孢。子座散生，黑色，埋生在角质层下1～4毫米，一个孔口外露，多室（腔）。分生孢子单胞，腊肠形。

夏橡白粉病

症状识别：叶两面生白色、近圆形粉状病斑，逐渐扩大并联合成大块斑，可长满全叶片，入秋后白粉层中生褐色至黑褐色的小点——子囊壳。

病原诊断：*Microsphaera hypophylla* Nevodovskd，叶背叉丝壳。菌落叶两面生，叶背面较多。子囊壳散生至聚生，扁球形，暗褐色，附属丝5～16根，顶端双叉式分枝4～5次，分枝末端弯曲，反卷，子囊壳内含子囊3～6个。子囊长椭圆形，具短柄，内有子囊孢子8个，罕见5个。子囊孢子卵圆形至长椭圆形。

夏橡种子霉烂

症状识别：种子采收后和贮藏时发生，在种壳内外生出各种形态和多种颜色的霉层，一般破损种子多从破损部位开始长霉。

病原诊断：常见的有：绿霉——多数是由 *Penicillium* 青霉属的真菌引起的；灰黑色霉——是由 *Alternaria* 链格孢属、*Cladosporium* 芽枝霉属等真菌引起的；粉红色霉——由 *Trichothecium roseum* (Link. et Fr.) Corda.，粉红单端孢引起的。

天山槭黑斑病

　　症状识别：病斑近圆形至多角形，褐色至暗褐色，中央色淡，散生黑色小疱。

　　病原诊断：*Cylindrosporium platanoidis*（Allesch.）Died.，槭树柱盘孢。分生孢子盘生叶正面，散生，小疱状。分生孢子线形，1～3隔，无色。

复叶槭白粉病

    症状识别：叶片稍显皱缩，叶背面显白斑，白粉层稀疏，散生小黑点。

    病原诊断：*Sawadaea bicoris*（Wallr.:Fr.）Homma，二角叉钩丝壳。菌丝体叶背面较多；子囊壳散生至稍聚生，扁球形，内有子囊8～12个；附属丝生子囊壳的上半部，附属丝上部多双叉式分枝，少数上部再次分叉，末端钩状卷曲；子囊内有子囊孢子6～8个；子囊孢子单胞，椭圆形。

树干和干基褐色腐朽

症状识别：在未出现子实体前，无明显特征，朽木为褐色块状腐朽，火烧过的植株发病重。

病原诊断：*Laetiporus sulphureus*（Bull.：Fr.）Murrill，硫色炖孔菌。子实体一年生，无柄或近乎有短柄，基部狭窄，常丛生于共同的基部，新鲜时扁平伸展，肉质，颜色鲜艳，橙黄色或硫黄色，有的带红色，干后脆，边缘锐，老后褪色，有细茸毛和放射状皱纹。菌肉白色或淡黄色，干后颜色变淡。管孔小而密，圆形或近圆形至多角形。

阔叶树立木和木材腐朽

　　症状识别： 树干心材白色海绵状腐朽，腐朽部分在树干上呈梭形分布。

　　病原诊断： *Inonotus hispidus* (Bull.:Fr.) P.Karst.，粗毛纤孔菌。子实体一年生，无柄，半圆形，扁平或扁马蹄形，黄褐色至暗褐色；后边红褐色，菌盖表面有粗毛，无环纹，干后易脆，颜色变暗。

阔叶树立木白色腐朽

症状识别：活立木树干白色杂斑腐朽。

病原诊断：*Fomes fomentarius* (L.:Fr.) Fr.，木蹄层孔菌。子实体多年生，木质，无柄，马蹄形；菌盖灰色、浅褐色至黑色，有皮壳，具同心环状棱纹；菌肉木栓质，锈褐色，管孔面灰色，孔圆形，小。

木蹄层孔菌有两个亚种，菌盖灰色至褐色的是 *Fomes fomentarius* (L.:Fr.) Fr. subsp. *fomentarius* Fl.；菌盖黑色的是 *Fomes fomentarius* (L.:Fr.) Fr. subsp. *nigricus* (Fr.) Bonurdot & Galzin.。

阔叶树树干白色腐朽

症状识别：树干白色海绵状腐朽。

病原诊断：*Funalia trogii* (Berk.) Bond.:Sing.，特罗格粗毛盖菌。子实体一年生，无柄，半圆形，单生或群生，基部常下延；菌盖表面有硬粗毛，无环纹或有稀环纹，淡褐色至皮革色，菌管单层，管孔多不规则。

柳树树干腐朽

症状识别：树干白色腐朽。

病原诊断：*Pholiota aurivella* (Batsch) P. Kummer，金毛环锈伞。子实体丛生；菌盖半球形至扁半球形，干燥，浅土黄色至锈褐色，有红锈褐色翻卷的毛状鳞片，边缘有残存的菌幕；菌柄近圆柱形与菌盖同色，淡黄色至锈黄色，有鳞片。

阔叶树树干腐朽

症状识别：树干心材褐色腐朽。

病原诊断：*Inocutis rheades* (Pers.) Fiasson & Niemela，团核针孔菌。担子果一年生，多单生，木栓质，干燥后易碎。菌盖近马蹄形，表面浅黄褐色，有毛，成熟后淡褐色，粗糙，具不明显的环纹，边缘钝。管孔面浅黄褐色，后变暗褐色。

植物病原拉丁学名索引

图书在版编目（CIP）数据

新疆植物病害识别手册 / 赵震宇，郭庆元著. —北京：中国农业出版社，2012.7
ISBN 978-7-109-16956-2

Ⅰ. ①新… Ⅱ. ①赵…②郭… Ⅲ. ①植物病害—防治—手册 Ⅳ. ①S432-62

中国版本图书馆CIP数据核字（2012）第152840号

中国农业出版社出版
（北京市朝阳区农展馆北路2号）
（邮政编码 100125）
责任编辑 张洪光 阎莎莎 傅辽

中国农业出版社印刷厂印刷 新华书店北京发行所发行
2012年8月第1版 2012年8月北京第1次印刷

开本：787mm×1092mm 1/32 印张：10.375
字数：200千字
定价：60.00元
（凡本版图书出现印刷、装订错误，请向出版社发行部调换）